U0424200

PLANTES à PARFUM

大自然的精神

对于我们普罗众生而言，世俗的生活处处显示出作为人的局限，我们无法逃脱不由自主的人类中心论，确实如此。而事实上，人类的历史精彩纷呈，仿佛层层的套娃一般，一个个故事和个体的命运都隐藏在家族传奇或集体的冒险之中，尔后，又通通被历史统揽。无论悲剧，抑或喜剧，无论庄严高尚、决定命运的大事，抑或无足轻重的琐碎小事，所有的生命相遇交叠，共同编织“人类群星闪耀时”的锦缎，绘就丰富、绚丽的人类史画卷。

当然，这一切都植根于大自然之中，人类也是自然中不可或缺的一部分。因此，每当我们提及“自然”，就“自然而然”地要谈论人类与植物、动物以及环境的关系。在这个意义上说，最微小的昆虫也值得书写它自己的篇章，最不起眼的植物也可以铺陈它那讲不完的故事。因之投以关注，当一回不速之客，闯入它们的世界，俯身细心观察，侧耳倾听，那真是莫大的幸福。对于好奇求知的人来说，每样自然之物就如同一个宝盒，其中隐藏着无穷的宝藏。打开它，欣赏它，完毕，再小心翼翼地扣上盒盖儿，踮着脚尖，走向下一个宝盒。

“植物文化”系列正是因此而生，冀与所有乐于学习新知的朋友们共享智识的盛宴。

塞尔日·沙

PLANTES
à PARFUM

芳香植物

[法] 塞尔日·沙 著
刘康宁 译

生活·讀書·新知 三联书店

目录

前 言

生命的意义

人类拥有五种感官，这是我们赖以适应生存环境的根本，它们的重要性当然没有人能否认。但如果再进一步思考，我们就又会感慨，它们的数量也太有限了，跟我们要借以认识宇宙的野心相比实在不够啊。大家应该都参加过一个小调查，就是如果在某种莫名的不可抗力下，必须要放弃一种感官能力，你会放弃哪一种？好像所有人都更在乎自己的眼睛和视力，而很多人都打算放弃嗅觉，因为觉得它不是那么重要。真是大错特错啊！作者本人就认识一个患了嗅觉丧失症的人，也就是说他什么气味也闻不到，这使他的生活好像都失去了立体感；我可以证明他由此变得多么痛苦。不行，绝对不行，鼻子可不是什么次要的器官。但如今的人们确实可能失去了对嗅觉重要性的认知。你知道吗，就算随便一个凡夫俗子的鼻子都有分辨超过一万种不同气味的能力，哪怕每种气味含量都极低。当然，分辨好坏气味对每个人来说都是不在话下的。

什么那么臭？

在人类的史前文明阶段，所有的感官都还在觉醒的过程中；那时候，人们需要嗅觉的本能来帮忙分辨，哪种食物可能带有潜在的危险。猎人们会依靠嗅觉去寻找猎物，也靠它来避免可能的伤害。嗅觉为帮助人类存活下来而做的贡献，是跟其他感官一样重要的。所以，如果追溯历史，看看嗅觉如何一步步演化到今天，沦落到只能作为纯粹的享乐感官，应该也很有意思。从20世纪后半叶开始，卫生领域数十年的革新，使现在的人喜欢美好的气味，并以此愉悦身心；而碰到难闻的味道就恨不得在鼻子前猛扇，立马落荒而逃。而大家很少注意到，如今的西方社会有多么重视香料。气味无所不在，其重要性实际非常惊人，是可以跟音乐和图像比肩的——当然，广告在这方面推波助澜的作用不容小觑。只可惜，用来愉悦这几种感官的产品数量虽然很多，质量却总是并不令人满意（以上三者皆是）。

普鲁斯特所描绘的玛德琳蛋糕的香气

痛快地承认吧，我们的鼻子有“残疾”，嗅觉不够灵敏，鼻孔如有隔膜。就像要我们闭上眼睛来建造一个场景或制作一种装饰品，或者完全依靠记忆来演奏一首歌曲、朗诵一个文字片段那么难，就算我们再怎么努力，也不可能“闻到”过去的味道。只有打开一瓶贴着准确标签的香水瓶，我们才能潜入从前的记忆里。

同样，大众的总体嗅觉水平也还有待提高。你可以尝试用一个小袋子盛上最常见的烹饪用香料，试试看如果不看不摸，能不能闻出来是什么？半数普通人都辨别不出最简单的百里香或者鼠尾草。而说到香水，我们知道一般有几种香料混合在里面，要挨个分辨出来简直不可能。就算有人告诉我们这里面有蜜瓜或者牛至，我们可能只是为了面子回答“对、对”，但极少人真有这种确认气味的天赋，更不要说调香师（nez，法语“鼻子”的意思，也是对调香师的别称。——译注）了，能担当这个职业的人真的是凤毛麟角。

谢谢你，鼻子

让我们借这个机会来感谢鼻子吧！如果我们偶然闻到某种曾经熟悉的味道，它就会带我们陷入悠然的怀旧情绪。你还记得童年的古龙水吗？那是母亲装在包里的手帕上的味道。还有另一种古龙水的香气，让我们回想起孩子的婴儿时期，那种香气就浸润在他们洗澡后湿润的柔发中。还有爸爸剃完胡须之后，光滑而发红的面颊上留着须后水的气味，那不是我们小时候送的父亲节礼物吗？虽然俗气，但是完美。还有那么多瓶从没用完的香水，还端正地摆在家中的展示橱窗里，或是在洗手间里，慢慢染上岁月的尘埃；孩子们却已经长大成人，去过他们自己的人生了。

还记得人生的第一瓶淡香水吗？不管你是女生，还是男生，在带着懵懂和激情投身社会时，那瓶成年人般的香水给你增添了多少信心和勇气？还有初恋时的第一次约会，在如此忐忑不安时，因为闻到对方耳后的余香而获得了多少安慰？再后来，当你闭上眼睛去嗅你爱人的颈项时，不管那秀发间散发的味道来自昂贵的名牌或只是廉价的淡香水，是否会再次激起你心底的温情？而那些代代相传的香水更是如此。一位少女或许会打开母亲或祖母用过的香水而惊异地发现，她的长辈也曾经身为女人，施展过女人的魅力。唉！她可从来没想过这一点，这甚至令她备感困惑。如此，你还会说嗅觉是次要的吗？当然不会。气味牵制着情感，它就是生活本身，它塑造了生活的立体感，它是人生的一部分意义所在。它就是生活的意义。

制香简史

全民之香

众文明自涌现之日起，就一直处在被各种人类活动塑造的过程中。这些活动特别是指各门类技术的发展和进步，以及旨在满足人类各种需要而存在的产业。其中最重要的就是农业，它以丰富的品种和产量提供了一部分食物，也使人类深入掌握了植物的特性。同样重要的是动物的饲养繁殖，因为人类掌握了动物驯化和畜牧技术，才得以充分发掘植物的各种用途，得以用动植物来果腹，并从中获得医药、工具和瞬间的愉悦享受。

其中的一些植物因为可以用来提炼香料和直接提供气味，而立刻获得特别的青睐，并从此奠定了不可动摇的地位。我们其实很难清楚地分割芳香植物的双重身份。因为具有显著疗效，几乎所有此类植物都曾经甚至现今还被用于医药领域。更不用说，它们还附送宜人的气味。是否所有的芳香植物都有医疗效果呢？是否因为可以治愈疾病，这些具有香气的植物才被献给神明以表示感谢呢？很难说。但人们很早就发现了，无论在健

把东西弄得香香的，只因那味道好闻，人性在此时得以发挥到极致。

康或是宗教领域，芳香植物都具有特殊地位。当涉及丧葬领域，因为结合了以上两个方面的意义而使其地位更加非凡。

时至今日，经过上千年的使用，香料已经随处可见，比如说卫生领域（能想象到某种没有气味的清洁产品吗？），还有保健医药领域，芳香疗法（Aromathérapie）的强势回归就是见证之一。最后，经过数个世纪发展的香料提炼技术变得更加举足轻重，在文明社会中留下了它深深的痕迹，也衍生出香料提供纯粹享受的功能。如今这种美好享受，普通人也可以轻易地得到了。

古代的芳香剂疗法

埃及，香料制造的摇篮

人类早期使用香料的情况在各个古代文明，比如中国、印度以及美洲的文明中都有很多。而我们决定在这里谈谈埃及，首先是因为法国和埃及在文化上比较接近，而且这个国家也经常被视为香料制造的摇篮。与此同时，我们也可以将世界上这一区域的所有伟大文明一并提及，比如巴比伦文明、苏

埃及以它丰富的历史文化资源被认为是制香的摇篮。

美尔文明或者迦勒底文明。

最初，人们对芳香植物在美容、医药方面的使用还无法与宗教用途分割开来，而其他入药的植物、矿物和动物成分也是相同的情况。同样的一种植物，可能拿来预防或治疗疾病，也能用来架起连接天神或冥灵所在的另一个世界的桥梁。于是，自然而然地，广义上的医用植物就都成了祭司、行医者和萨满巫师的专属领地，而他们也着意牢牢地把控着这种特权。但在埃及，另一种文化特点又加强了这一专权。也就是说，人们认为疾病是某位神明或天主降下的惩罚，所以博得他的怜悯，就是所有治疗的前提。在护理病人之前，得先保证能安抚这位神灵。芳香剂疗法因此在古埃及得到了特别的发展。著名医书《埃伯斯纸草书》（*Papyrus d'Ebers*）的存在可以追溯到公元前1555年，它就是过去这些世纪里所有医学实践的珍贵证明。书中记载了超过700种主要来源于植物的药材，如乳香、天仙子、番红花、芦荟、没药、蓖麻、蓝睡莲、大麻……及其药用的方式，同时记载了它们可以治愈的疾病和与之相关的咒语。

番红花是《埃伯斯纸草书》中提到的众多药用植物里的一种，而现在也被用于香水制造。我们可以从法国香水品牌“阿蒂仙之香”（L'Artisan parfumeur）的“迷情番红花”（Safran troublant）中领略其魅力。

宠爱天神

香料当然不只是药物，也超越了美容产品的范畴：它们与神祇亲密地联结在一起。实际上，人们一直相信，天神本来就有着一种迷人的芳香之气。此外，人们在一天中的任何时间、任何场合都尽力为神灵献上各种芳香，而且每一天的生活日程会按照上香和供奉香味祭品的需要来安排。人们会清洁神像并将其擦拭干净，然后为其着装并献上供品。比如，为向太阳神“拉”（Ra）致敬，得每个小时点燃一次混合香料。没药会被投入神庙里的专用勺中用圣火焚烧。而乳香以及其他所有在燃烧时能释放宜人气味的材料，都是祭司爱用之物。比较而言，那些有机的祭物，如鲜花和水果，它们会很快腐烂并释放出不妙的气味。祭祀用的食物还会被偷走，也就是说神明吃不到了。而飘向天空的轻烟虚无缥缈，就更增加了神祇原本就有的神秘感。这些由“轻烟”（per fume）献上的祭品，就是“香料”（parfum）一词的由来。

那些能经由袅袅青烟抵达天上神祇的供奉品，也在所有需要香料的场所大显身手。比如其中很多植物都会用于木乃伊的制作过程。首先是因为卫生方面的实际原因，要用这些植物来防止尸体腐化，但也是为了缔造一条与神灵相连接的纽带。乳香就是其中最常用的一种。它名字的含义就是“向神引

树脂、没药和乳香在埃及香水中扮演着重要的角色。

见者”。葬礼上的礼物也都是用香料处理过的，常用的如檀香、琥珀、松木油或橄榄油、肉桂、刺柏、雪松等；还有扁柏和侧柏，人们会把它们放置在石棺和木棺里。

每一个木乃伊都有其气味印记，万一尸体被破坏而造成分散时，其归属的特殊香气可用来辨认。香料是如此珍贵，以至于盗墓者经常只取走香料，而舍弃存放香料的昂贵容器。

贵族之香

不难想象，如此配方、如此排场，使用时又如此大费周章，香料肯定价格不菲。所以无论是在美容领域、香料制造业，还是死后的不平等世界里，香料都属于贵族阶层的用品。说到用于调情魅惑，那香料的使用也都是上等社会里男男女女的事儿。历史上的香料配方有很多，其中一些还精确地保存到今天。这些配方是从埃及神殿的雕刻上复制出来的，而这些神殿可以追溯到公元前 4 世纪，曾在埃及历史上扮演过重要角色。配方中有两种气味的搭配比较常见。第一个组合是肉桂和金合欢，第二个是没药和乳香。在所有最著名的香水中，“西腓香”（kyphi）也是一种用作镇定的药剂，配方混合了葡萄、葡萄酒、蜂蜜和没药。它经常用于包括宗教仪式在内的各种场合中。

另一种香水可以简单称为“埃及香”，其中含有的没药，被浸泡在

在古埃及，每个神灵都有其专属的香料。

PARFUM AUTHENTIQUE
Offert à la Princesse AST
fille de PHARAON

SECRET SPHINX
DU
RAMSÈS
30, Rue d'Hauteville
PARIS

如果说斯芬克斯还保守着一个不为人知的秘密，可能就是埃及香水的配方。

加了香料的葡萄酒中，在使用前要经过 8 年的熟化。这款香水因其悠长的留香，在很长时间内都是美丽的埃及女子颈项上的“常客”。门德斯（Mendes）城则孕育了“门德斯香”，这是另一款被认为是香中至尊的香水。它使用了椰枣仁油，辅以没药、肉桂和不同种类的葡萄。而“埃及香”和“门德斯香”也有可能根本就是同一种香水。另外，“苏西努”（susinum）在古埃及也相当受追捧，它的配方里主要有百合、没药、肉桂和小豆蔻。

飞一般的感觉

起初，对芳香植物及花朵的使用都比较简单粗放。人们满足于把它们拿来直接使用，享受它们散发出来的香气。后来人们发现，植物本身就会制造浓缩香气的脂类。于是人们收集乳香、笃耨、黄连木的树脂，以及愈伤草脂、安息香属树脂和白松香胶。为了美容和医疗方面的用途，人们会把香精浓缩到一种油或者脂类里，以在别的场合使用，比如最适合用于短时间的香熏。这些制香法满足了数千年的用香需求；直到中世纪以后，才出现了蒸馏法。

酒精蒸馏法则是几个世纪后由阿拉伯人发明的。传说那时的女主人接待客人时，会在他们头顶涂上一抹香膏。而房间里到处弥漫着香熏的香气，与待客的香膏相得益彰。

图像演绎

还有细节表示，美人们会在额头上放置一个香膏捏成的圆锥，令其在夜里慢慢地融化来为面庞添香。但这个说法的真实性值得推敲：有艺术家发现，这可能只是一个绘画创作上的传统，为了表现人们如何用香料浸润头发、脸庞和衣服。

希腊人的贡献

古希腊是当时世界地理上的十字路口，它大量借鉴了古埃及和美索不达米亚文明，而后者本身也充分吸收了远东的文化输入。此外，希腊及其众多岛屿也成了当时商业往来的跳板。于是，在这个特定时期，地中海地区的希腊汇集了古代世界的所有科学和文化思潮，这些精华来自遥远的东方、多瑙河谷以及中欧。而随着亚历山大大帝的扩张步伐，以及“香料之路”的发现，香料工业的发展也获得了长足的进步。

就像之前的那些文明，特别是古埃及文明一样，古希腊的香料使用也占据着同样重要的地位。它们涉及人生中的所有重要仪式，贯穿生死，无所不在；即便不能说当时香料等于医学，香料也构成了医学的全部；而且，使用香料是与天神建立直接联系的最佳方式。因为对古希腊人来说，香气首先就是天神超能的无形表现之一。他们确信，一位天神肯屈就下凡视察时，一定是在蔚然的香气中迤逦而行的。所以，使用香料，就是接近和模仿神祇，而忘记自己其实身为凡人终有一死，躯体总要变质腐臭的。供奉天神时也得用香气妆裹他们：比如古埃及人就会给天神的塑像、神像前的石碑以及其他敬神的物品涂香。此外，他们还在祭坛上焚香，产生缕缕烟云，通过这种方式在人世和天界

天神用的是神灵专属美食（ambroisie）做成的油膏，它被形容为一种“神圣的油，拥有玫瑰的香气”。

之间架设一座有香味的“垂桥”。

在追求长生不死的过程中，活着的人大量使用香料，努力向神灵学习靠拢；而逝者也不例外，入土时也要放置死者喜欢的香料陪葬。如果我们粗略地区分一下，便可得知古埃及人喜欢使用烟类的香，而古希腊人则喜欢油状的香。

油中锁香

希腊人在香料领域做了诸多重大革新。首先，他们比较多地采用花朵取香，并使鸢尾、玫瑰、百合和墨角兰的使用方法系统化。特别是他们已经开始萃取花朵的精华，以求长久保留花的香味，并且采用油脂来保存花香。最常使用的是在整个地中海区域都很常见的橄榄油。另外，除了在东方制香中常用的没药、乳香、番红花和肉桂之外，人们又发现了两种源自动物的香料：麝香和龙涎香。宴席之际，人们会给头发抹上香油；迎宾之时，主人会为宾客奉上香料足浴。女人花大把时间挑选衣饰、描眉画眼、涂脂抹粉，全身涂满芳香的体油。男人呢，也没什么两样。

希腊诸岛甚至因为当地人擅长制香而闻名于世。在铜岛（l’île de Cuivre）上，人们收集树上的青苔和散沫花，用油膏酿烧器来蒸馏著名的玫瑰精油和鸢尾精油。铜岛的一部分就是今天的塞浦路斯，而他们的制香师被称为“kupirijo”。公元 1 世纪时由老普林尼（Plinius Secundus）

希腊人使用了两种动物源的香料成分：龙涎香产自抹香鲸，麝香则来自雄麝。

希腊人系统化了若干种芳香植物的使用，其中就包括鸢尾。

写成的《自然史》中，就提到了不少于22种香精油，其制造所需的植物大部分都来自克里特岛。其中包括扁柏、墨角兰、胡桃、金雀花、鸢尾、玫瑰、香桃木、月桂、番红花、百合、刺柏、松树、巴丹杏树、罂粟、芫荽、罂粟子、枯茗、八角茴香、水仙、银莲花。

约在公元前1400年，因为迈锡尼人，香料制造变成了一个真正的产业。在破译泥版上发现的线形文字（誊自希腊的最古老的文字）时，人们也发现了真实的账目，其中记载了包含数字的订货和出口内容。从中也能看到，纳税人的税有一部分是用芳香植物来缴纳的。

药用香料

对希腊人来说，即使香料在他们与神的关系中地位非凡，也不能由此忽略一个

克里特岛上有丰富的地中海植被，而克里特岛人则非常擅长使用其中的各种芳香植物，比如扁柏、墨角兰、松树或者月桂树。

事实：在他们眼里，香料植物，特别是有香味的种类，在医学上的作用才是首要的。战士们会用香料油涂抹身体，一方面可以抵抗烈日的灼伤，另一方面是为了将来伤口能更好地愈合。《荷马史诗》中就详细记载了用芳香剂治疗以及处理伤口的方法。

同样，运动员也用香料油来护理身体。他们因为需要赤身相搏，所以用油脂来使皮肤光滑；香料油按摩可以放松和温暖肌肉；混合的香料药剂则用来护理伤口。人们会利用手边任何找得到的香脂原料来涂涂抹抹，只为取悦自己。更不要说，在上竞技场之前，使用香料油就非常讲究了。身体的每个部位都有专门适用的香料：薄荷主要用在手臂上；棕榈油用来涂胸部和脸颊；活血丹精油主要用于颈部和膝盖；而眉毛和头发则适用墨角兰油膏。

希波克拉底 [Hippocrate（前 460—前 370），古希腊物理学家，被誉为西方“现代医学之父”。—— 译注] 认为鼠尾草是“抵御万恶的万灵丹”，鼓励人们多用它进行烟熏来对抗各种疾病。他还建议用番红花的气味助眠，认为肉桂和枯茗在这方面也有奇效；而且还传说他用花朵扎成花环，搭配燃烧的芳香木材，把雅典从鼠疫中拯救了出来。泰奥弗拉斯特 [Théophraste，古希腊哲学家，亚里

HISTOIRE NATURELLE DE QUELQUES EPICES
4. La Noix de Muscade
PRODUITS LIEBIG : salutaires à l'organisme
Reproduction interdite
Explication au verso

通过香辛料世界的大门已经打开。腓尼基人为我们发掘了大量的香辛料种类，其中肉豆蔻也被用于香水制造。

士多德的弟子和其讲学地吕克昂（Lyceum）的继任主持者。因其在植物学方面的著述而被认为是“植物学之父”。——译注]在他的9卷《植物史》中编录了不少于500种来自阿拉伯半岛南部的芳香植物品种，这些物种在迪奥科里斯（Dioscoride，古希腊物理学家、药学家、植物学家，其所撰写的5卷《药物论》影响极为广泛。——译注）于公元64年写成的《药物论》（*De materia medica*）中也有提及。

绝对现代

在香料使用方面，古希腊人的现代化程度非常惊人。他们将香料变成了一个产业。除了敬献给天神的供奉香料之外，凡人使用的是被称为“非宗教香料”（myron）的系列。其中的品种也十分丰富，比如小豆蔻、乳香、安息香属树脂、没药、檀香、麝香、胡椒、姜、香荚兰、樟脑，等等。

腓尼基人则通过无数的商业贸易旅行带来了新的香料，比如肉豆蔻、安息香脂、麝香、麝猫香、海狸香等，而这些香料都被放在精心雕琢、容量不同的瓶子里，推销给富有的客户——在某种意义上，这就是我们今天的包装学的开端。这些香料也在公共场所的开放式商铺中销售，它们也是人们讨论政治、社会新闻、国家大事等的非正式约会场所，性质与几个世纪之后的咖啡馆类似。香料产业的奢华一度甚嚣尘上，也因此遭到了一部分人的抵制。梭伦（Solon，古希腊七贤之

现在香水一般都用在颈部，但在古罗马时期，是全身都抹的。

一。——译注）就指责之为矫揉造作，并且禁止雅典人使用香料，而之后苏格拉底的看法和做法也完全一样。来古格士（Lycurgue，斯巴达立法者。——译注）同样严禁斯巴达人使用香料。

罗马，青出于蓝

古代世界里还真是鲜有变化。古罗马文明几乎全盘接受了古希腊文明，使它在相当多的领域里完成了对前辈的传承，其中也包括香料的使用。香料依然身系三大使命：维护身体清洁、保障环境卫生、建立和维护与天神之间的联系。而在这段古希腊的后续篇章中，香料在男欢女爱中扮演了越来越重要的角色，而色情游戏中香料的作用也不可小觑。老普林尼曾强调过香气有多么的短暂，是“一存在便又要逝去”的，所以他也很惊讶罗马人对于如此昂贵的享乐有这么深的执迷，要知道那时候的香水“每斤要价超过40丹尼（denier，货币单位。——译注），而这番花费纯粹是为了取悦别人，因为涂香水的人自己可闻不到”。

罗马的香水比东方香调更清爽，但这并不影响它在上层社会的情欲游戏中发挥作用。

起初，香水刚从希腊传入时经常遭到禁止，最终却还是获得了社会上层人士的接纳。甚

每个神明的专属香料

在公元前1世纪时，香料的使用已成体系。安息香仅用于供奉主神朱庇特，番红花专属于菲比斯（即太阳神阿波罗），乳香献给菲碧（即月亮女神阿尔忒弥斯），芦荟供奉火星，肉桂致敬水星，龙涎香则献给金星。如果有谁想获得天后朱诺的庇护，则要为她供奉麝香。

至有很多男性会为了美化身体内部，把香水混合葡萄酒或利口酒一起喝下去。为了感官愉悦而使用香水或芳香植物，多半是因为人们相信这些香料附带催情功能。罗马人喜欢比较简单的香水，偏好比东方香调要清淡一些。玫瑰是最受欢迎的香调之一，菖蒲则是最常用的香味。罗马专卖焚香的区域被称为“victus thuraricus”，在那里的开放式摊店，能买到水仙、番红花，或是苦杏仁、木瓜、闭鞘姜，还有经典的没药和甘松香。

在古罗马，人们为了获得体内的美丽而饮用香水。果然是让人吃惊的罗马人啊！

在罗马，所有从古代流传下来的技术都得到了完善，特别是在治疗领域。在从东方、阿拉伯和印度传来的香料中，他们还加入了自己的合剂，以及从高卢带回来的配方。生产香料的物质条件日渐完善，处理手段也更加丰富，已经存在的技术包括脂吸法、浸泡、芳香煮解（digestion aromatique，通过蒸煮加热提取香精。——译注）和压榨法。罗马人因掌握了吹玻璃的技术，香水瓶制造也取得了相应的进展——这项创新可是出现在公元前1世纪。而且他们发现可以通过为玻璃制模，无限量地重复制造同一个款式，并轻易把不同的玻璃部件烧制到一起。因为加工玻璃技术的出现，随心所欲地创造瓶子的款式就成了可

皇家香氛

尼禄之妻波培娅非常喜爱香水，她让人为帕提亚（帕提亚帝国，古代波斯一个重要的政治和文化中心，是丝绸之路上联系罗马帝国和中国汉朝的枢纽。——译注）的国王们调配了一款皇家香水，其中包括27种原料，比如小豆蔻、甘松香、没药、肉桂、赖百当脂、安息香脂、香茅、菖蒲、闭鞘姜等。

能，这一技术也就很快被推广到了整个地中海地区。

香气迷人

在罗马帝国的衰落期，香水的使用愈发兴盛到了极点，估计在整个人类史上都是前无古人、后无来者的。举办宴会时，宾客被鲜花围绕，脚下是花瓣铺成的地毯，头戴花冠，随从的奴隶没完没了地往客人头上喷洒香水。而传统上用来欢迎客人的芳香足浴已经过时，由全身芳香浴取而代之。天花板上则布满细细的管道，在整个宴饮期间散发香气。门槛也得涂满香料，狗和马之类的宠物更不能例外。罗马皇帝尼禄则喜欢令他的足下飘散香气，竟在凉鞋鞋底也抹上香料。公元3世纪时的埃拉伽巴尔却喜欢在竞技场里像下雨一样喷洒香水，让香气持续整个竞技过程。据说尼禄妻子波培娅的葬礼所燃烧的乳香之多，相当于阿拉伯地区一整年的产量。

爱洗澡的罗马人

长久以来，洗澡都是跟身体清洁联系在一起的，而在罗马人这里，泡芳香浴又成了公然引诱的工具和感官逸乐的好帮手。公元前1世纪，美容领域的发展获得长足进步，美容成了罗马上下几乎所有阶

在罗马的贵族阶级中，鲜花和香料都是随处可见的。

层的人都会进行的活动。当然了，贵族使用比较稀有和昂贵的产品，百姓就利用生活中找得到的普通原料。

富人们每天都去温泉洗芳香浴，并让人在身体上涂抹花香调的精油。无论男女都喜欢用黑煤玉、香桃木、柏树、金丝桃、大葱叶或者青核桃皮制成的颜料染发。他们还把草灰或者蚯蚓碎块调到油里涂在头上，以防止头发掉色。木瓜汁可以跟女贞树液或者醋渣调在一起，用来染制金发；夸张的甚至还会把头发染成蓝色。睫毛、眉毛和嘴唇也得上色；皮肤要涂成赭石色，或者完全反其道而行之，用白铅粉抹白。而所有这些美容品与洗涤、洗浴产品一样，都得使用大量香料。

东方香料

罗马王国结束后，古罗马先是进入共和时代，然后由罗马帝国取而代之。罗马帝国曾分裂为两部分，其中一部分称为西罗马帝国，衰落于

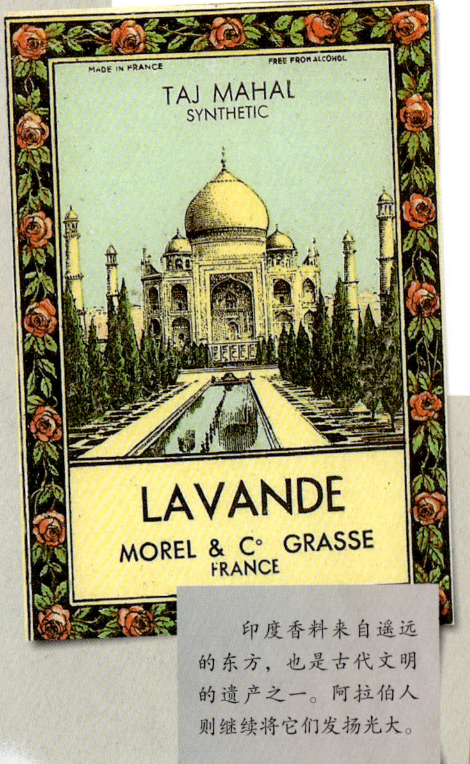

印度香料来自遥远的东方，也是古代文明的遗产之一。阿拉伯人则继续将它们发扬光大。

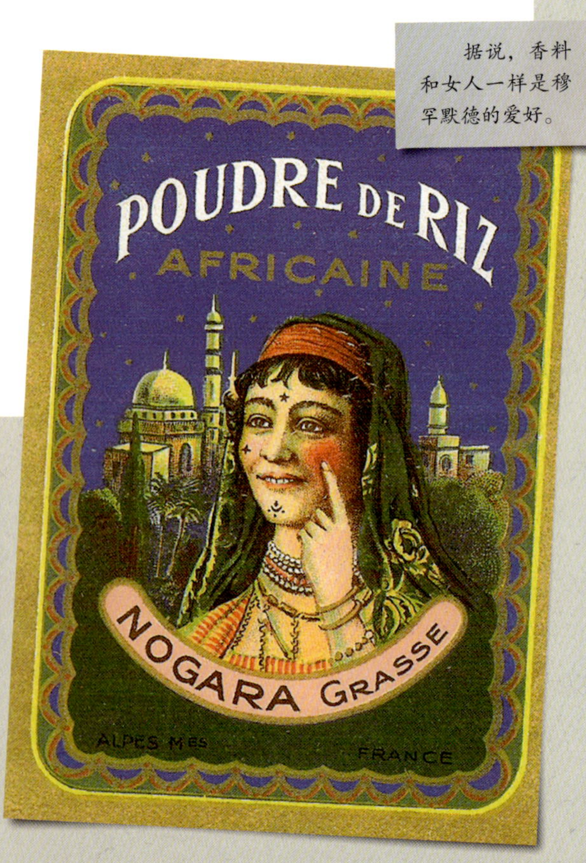

据说，香料和女人一样是穆罕默德的爱好。

公元5世纪，这是古代文明和中世纪之间承前启后的时期；另一部分是以拜占庭（后来被称为君士坦丁堡）为核心的东罗马帝国，后来改称拜占庭帝国，这部分的繁荣一直绵延至15世纪。

这个时期，伊斯兰教也开始形成；阿拉伯世界开始崛起，势力范围甚至涉及法国的一半领土。中东地区和香水制造一直是紧密联系在一起的，战争也带动了香料的流通，因为香料、妇女和儿童并列为穆罕默德的三大爱好。众所周知，阿拉伯人在医学方面素有盛名，而当时的治疗几乎完全由芳香植物和香料来完成，所以阿拉伯人在这个领域实现的进步和完善可以说功勋卓著。约公元900年时，阿拉伯医学的名宿拉齐（Rhazez）在巴格达建立了一所医院，并积累了大量临床医学知识，这些知识之后被收在一部含113卷、拉丁文名为“*Continens*”的著作里。后来闻名于东西方世界的“药典”收集了超过1400种芳香及药用动植物，就是以拉齐的这部著作为基础的。这个时期的西班牙科尔多瓦也存在一个拥有40万部著作的豪华文库，其中同样能看到香料的身影。

天堂的花园里果实累累、鲜花盛开、鸟兽遍布、流水潺潺、香气扑鼻：这个来自东方的观点恐怕没有人不同意。

中世纪的香料

成也拜占庭，败也拜占庭

众多领域在中世纪的发展都可以总结为，满足于拿来主义并原样传承下去，然而，在香料制造领域却并非如此。

西罗马帝国衰落之后，制造香料用于锦上添花和情欲享乐方面的阵地便转移到了拜占庭帝国。西方只保留了香料在医疗方面的用处。此外还有教廷的介入：可以说，随着欧洲的基督教化，香料给人留下的印象便只有卫生保健的气味。因为对基督教来说，香料的味道太过轻浮无聊；如果目的还是拿来做情欲诱饵，那更是妖魔般的可怕。香料在罗马帝国的非宗教类用途就此完结。再见吧香气扑鼻的狂欢，再见吧挥霍香料的荒诞！香料领域的这一大后退从蛮族入侵时便已经开始；虽然他们在其他领域相当讲究，但对香料行业却完全不感兴趣。于是，所有的芳香植物从此都只能存在于闭锁的花园中，查理曼大帝还特意在修道院和寺庙里推广这个模式。芳香植物的种植从此也只为医学和食用服务，因为它们毕竟对健康有益。但同时，香料并没有就此销声匿迹，与今天大部分人的想象不同，中世纪的人非常注重卫生，香料一直大有作为。

不久，香料就重新赢得了局面，不仅是因为卫生消毒

中世纪时，香料的作用主要集中在医疗和卫生领域。

方面的需求，也跟东方的香料不断输入有关。此时贸易往来还一直非常兴盛，比如说，这是马可·波罗大远航的时代，也是如威尼斯等共和国繁荣富裕的时代。此外，连续的十字军东征也不断带回一批又一批东方香料。

而此时的西方，因为治疗鼠疫转变为防治各种严重疫病的需求，香料已经慢慢地被接受为寻常的治疗手段。1348 年的大瘟疫给法国带来了巨大的恐慌，这种来势汹汹的恶疾几年间就夺去了欧洲几乎半数的人口。于是，为了自保，人们开始使用香料。富人们佩戴着雏形期的“波曼德香珠”（pomander），也就是一种带孔的精美珠宝球，里面可以放芳香植物、龙涎香和麝香；而穷人则用简单的布袋装上同样的香料。

1370 年，以迷迭香为基调的“匈牙利女王淡香水”出现了，这是史上首支含酒精的著名香水。那时候，水是十分可疑的，人们怀疑它能打开皮肤的毛孔，令疫气更容易进入身体。今天我们还会觉得中世纪的人不够讲卫生，这可能就是因为他们不爱用水给我们造成的印象。那时人们宁可使用香熏、涂擦芳香植物和抹香粉，也不愿意用水洗。

为了净化家中的空气，人们在家里摆放香珠球，这个习惯一直保留到现在。这个球里装的是抹香鲸分泌物的凝固体，也就是龙涎香。如果没有条件

即便如此，香料还是成了情欲艺术和宫廷爱情的忠实盟友，与那时的伦理形成了某种过于尖锐的对比。

匈牙利女王淡香水源于中世纪，却也穿越时光来到我们面前。

的话，人们就会尽量用别的替代物做成香料球，里面放上罗勒、樟脑、芦荟、薄荷等，或者干脆用海绵浸满醋来熏屋。

然而，就算香料的卫生用途在当时占绝对优势，这也没有让人们忘掉它的情趣功能。许多以前从没见过的香料被源源不绝地从东方带回来；而阿拉伯人掌握了蒸馏法，之后的炼金术士将其发扬光大，这些技术的实现也为香料消费者不断输送着新品。东方对花香的喜爱也带动了西方，美人和她们的情人则尽情享受着芳香浴带来的无尽情趣。香料在各种男欢女爱中施展着催情魔力，人们耽于肉体欢愉的多姿多彩，完全无视教廷的禁令。此时也是“宫廷爱情”（l’amour courtois，指以赠送情诗等文雅的方式追求女性。——译注）的兴盛期，那些用来传递爱意的诗句和信笺，都得以花香作为点缀，才够情真意切。

蒸馏法

香料之所以能在医学领域取得无可匹敌的地位，当然首先是因为它们本身确有功效，但技术进步的作用也不可小觑，那就是蒸馏法的演变。这种技术已经存在了 1000 年，即使在中世纪，蒸馏技术仍然获得了长足的进步。

我们可以观察到，当热的水蒸气接触

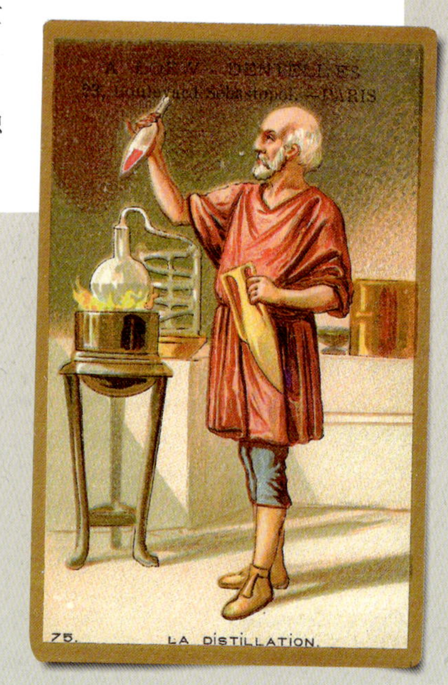

蒸馏法是一种很古老的技术。到了中世纪，经过阿拉伯人的努力，这一技术又获得了长足发展。

到一个低温物体时，就会凝结成细小的水滴，最简单的例子是，清晨的露珠或者窗子上的水汽。古人也很早就发现了水的这种状态变化，而且最初用来人为促进这种变化的器具也非常古老。公元前2000年前，中国人就已经发明了相关设备并开始实施最早的蒸馏。离我们比较近的例子是埃及人和美索不达米亚人，他们也开始蒸馏并通过这个方法提炼精油、香膏和香料，供医学领域和防腐仪式使用。接近公元前1800年时，美索不达米亚的国王兹姆里–利姆（Zimri-lim）曾让他的香料制造厂生产出数百升扁柏、没药、姜和雪松制成的精油和香膏。

公元前5世纪，亚里士多德曾写道，人们已经使用蒸馏法过滤海水，以使之适于饮用。海上航行的人会将海水在锅中加热，然后用羊毛布或者海绵收集蒸发的淡水。随着技术和设备的进步，这个方法也越来越容易实现。公元1世纪，迪奥科里斯也曾描写过蒸馏所用的工具，那时候，也已经有希腊文单词“*ambix*”，描述一种用于蒸馏的窄口瓶。一些史学家认为，古希腊的女炼金术士、2世纪到3世纪之间的“犹太女人玛利亚”发明了这种瓶子，而另一些史学家则认为，它是古希腊的女炼金术士帕诺波利斯的索西莫斯发明的。后者生活于公元3世纪到4世纪。但后来人们公认蒸馏法是在阿拉伯人那里得到了完善和提高。很久

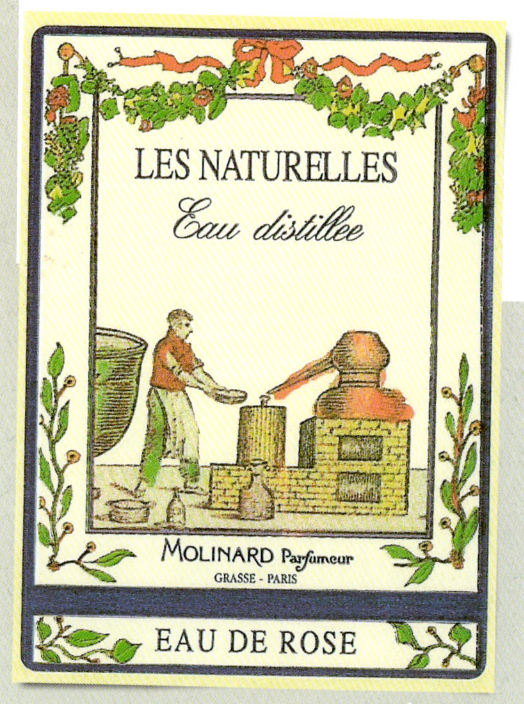

只用简单的容器显然还不够，在这个基础上加一道冷水流以实现冷凝，这个方法给蒸馏技术带来了巨大的进步。

以来，阿拉伯人就已经可以熟练地运用相关技术，提炼花朵（特别是玫瑰）和植物的香氛，并陆续将他们的知识传播到了意大利和西班牙。在这个过程中，人们为 *ambix* 这个词加上冠词 al，就演变成了法语 alambic（蒸馏器）这个词。

阿拉伯人还进一步完善了这个技术。古时候，人们蒙上浸湿的布巾进行冷却、促进凝结，蒸馏瓶只是有一个窄长瓶口的款式。公元 11 世纪时则出现了蛇形冷凝管，这种螺旋形的冷却长管立刻大大提高了产量。1526 年，瑞士医生、炼金术士帕拉塞尔苏斯实现了另一巨大进步，他首次使用了拉丁名为 *balneum Mariae* 的“玛丽浴”，即隔水加热法；这样不必打开包装，就可以从外部加热，从而更好地维持内部温度的稳定性。直到 1771 年，德国人威格尔（Weigel）才发现了一种更好的办法：用袖笼裹住持续流过冷水的容器，然后将水蒸气输送到这个容器里，以实现更好的冷凝效果。后来这个方法由德国科学家李比希（Liebig）进一步完善，之后被命名为“李氏冷凝法”。

无论设备如何，有什么改进，蒸馏法根据的都是同一个原理：酒精蒸发的温度是 78.3℃，水蒸发则需要 100℃。而香料制造业的第二个重点跟饮料工业一样，是通过酒精蒸发获得酏剂（elixir）。这样，香料就不必再拘泥于以前的油膏状态，可以用含酒精的全新形式存在，也因此变得更易涂抹。

蒸馏法本身其实一直没有大的变化，但人们对它的使用上了一个新的台阶，此外，它也得到了其他方面的改善。

制香业的复兴

忠实的污垢

从文艺复兴开始之后的几个世纪里，污垢成了日常生活最不离不弃的伙伴。人们仍然对水怀有戒心，也非常厌恶洗澡洗手，所以搞清洁工作只能依靠香料。也就是说，人们基本上保持着不干不净的常态。因此也就不难想象，为了掩盖身体因为几乎或者完全不洗而散发的怪味，大家用的香料味道也越来越重。常见的体臭遮盖剂有粉剂、油膏和烟熏这几种形式。为了环境卫生，通常会燃烧迷迭香、月桂、百里香等芳香植物，或者把有香味的花束直接撒在地上。

制手套业的贡献

1190年，在腓力二世统治时期，首次出现了关于手套 - 制香师组织的记载。但直到17世纪，也就是1656年，关于他们状况的报道才得到了完善和更新。16世纪，凯瑟琳·德·美第奇在嫁到法国时，从意大利带去了涉及所有领域的生活方式和各种讲究，比如饮食、着装、甜品等；而涉及香料领域，则是把佩戴洒香的手套这个习惯介绍到了法国。东方的手套工匠已经习惯于在制作手套时，先将它浸入有香味的液体里，以去掉皮革本身的难闻气味。而法国已经在手套制造方面颇有盛名，巴黎

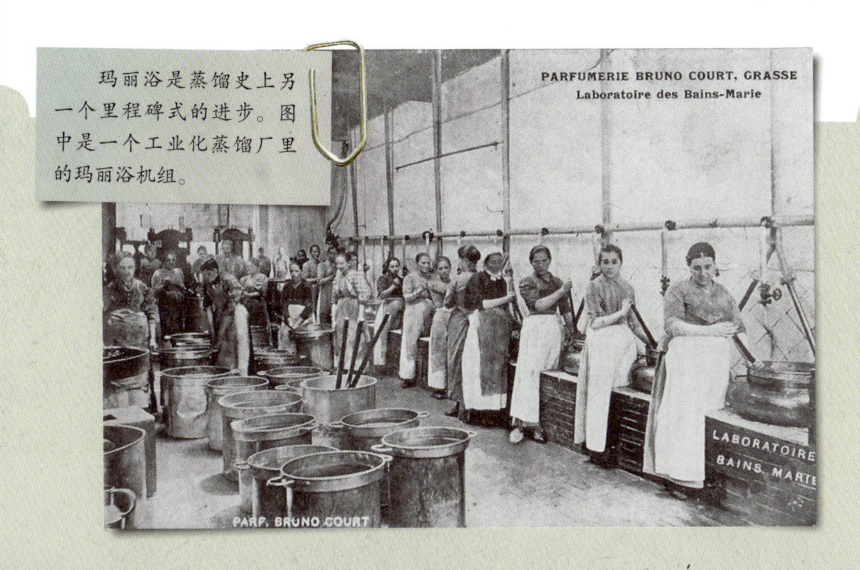

玛丽浴是蒸馏史上另一个里程碑式的进步。图中是一个工业化蒸馏厂里的玛丽浴机组。

人们焚烧香料，或者往地上撒成把的花束，这些都是为了遮掩绵延了整个中世纪的怪味。

也成为当时欧洲制造手套量最大的城市，许多产品都用于出口。其他城市比如旺多姆、布卢瓦、格勒诺布尔还有阿维尼翁等，都以巴黎为榜样前赴后继。而在法国南方，蒙波利埃和它所在大区的手套工厂也实力雄厚；此外，这里建立了欧洲最早的医学专科学校，并且以其对医用和芳香植物的丰富知识而知名。然而因为本地气候条件比较严峻，这里几乎无法种植稍微娇贵一点儿的品种。于是，小镇格拉斯就慢慢赶超了蒙

波曼德香珠

文艺复兴时期出现了一种新的卫生用品，即“波曼德香珠”。更确切地说，这次出现的是它的改良品，因为这个物体最早在12世纪时已经有了相关记录。这里指的是一种球状物体，也被称为“龙涎香果”，里面装着小块龙涎香，人们认为它有某种疗效，并且能够激发情欲。最早与此相关的记载，应该是耶路撒冷国王鲍德温四世于1174年赠送给腓特烈一世的波曼德香珠。

从14世纪起，波曼德香珠变成了金银工艺品。它最早的形象是一个可以从中间通过合页拦腰打开的球体，里面可以装进一种香料，通常都是龙涎香。之后，它开始被做成“橙子”状，里面每一个“橙子瓣”都可以放进不同的香料，以便一周每天轮换。无论如何，波曼德香珠都是带孔的，以便里面的气味挥发。再之后，工匠们精雕细刻，镶珍珠缀宝石，采用金银等贵金属或镀金更不在话下。波曼德香珠也就慢慢地变成挂在腰带上或者项链上用来炫耀的珍贵配饰。最小版本的香珠还可挂在项链上，或者直接握在手心里，也可挂在手镯上，镶在剑柄上，或是用来做斗篷的扣子。并且香珠还可以留下个性化的印记，比如家族的纹章，或是带有神秘意义或标志性的动物图案，因为这样的设计会让使用者心理上觉得功效更强。在经历了数个世纪的演化之后，波曼德香珠慢慢地失去了它的保护意义，终于在18世纪中叶消失了。

波利埃，首先是手套制造业，然后是制香工业。

很快地，法国的手套制造业就因为更精致、细腻的风格坚固了自己的优势地位。西班牙和意大利的手套用香都太过浓烈，而法国的娇客们则不太能欣赏这种令人头晕的香味，虽然手套上经常用的无非是麝香、麝猫香和龙涎香这几种别处都用的香料，所以问题只能归结在用量多少上。确实，使用香料的初衷是为了遮盖麂皮、鹿皮和水牛皮本身的强烈气味，而当手套的材质改为亚麻、羊毛、大麻纤维、丝绸和棉布时，就不存在这种必要了。因为那时无论男女，几乎全天候地、任何场合都戴着手套，甚至睡觉时也要放在身边，所以气味浓淡就相当重要了。当然，今天的我们已经很难想象，这个主要靠功能取胜的配饰曾经有那么重要的地位。

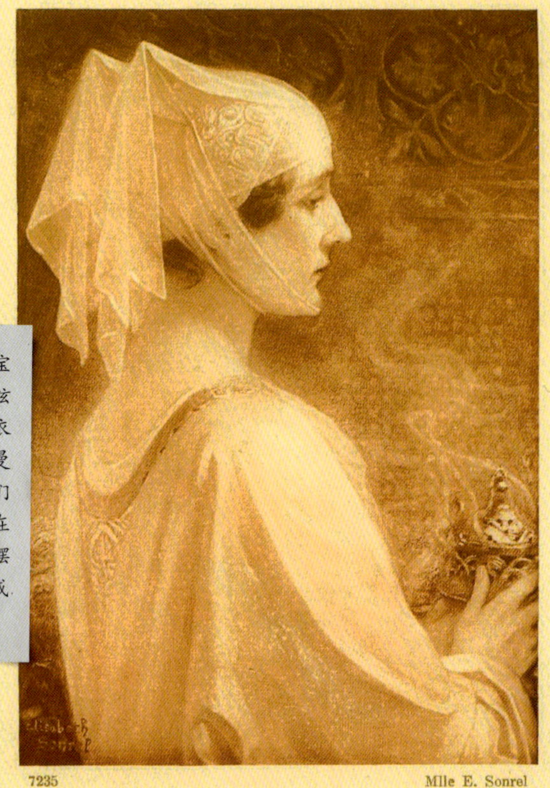

无论是当作珠宝戴在显眼的地方用来炫耀，还是低调地藏在衣服的褶皱之间，“波曼德香珠”都是保护人们免于疫气的好帮手。在家里使用时，为便于摆放，一般会配上支架或者托架。

科尔伯特、路易十四和他们之后的时代

香料如手套

如果说，如今法国的香料制造业发展依然活跃，并仍然拥有卓著的国际名声，这主要得归功于科尔伯特。这位国务活动家认为，香料制造乃是一门艺术性的职业，非常有助于促进法国以及“太阳王”的国际声誉，也能促进经济发展。于是，这门职业被规范化：要成为手套–制香师，需要做4年学徒，然后再为师傅工作3年方可出师。格拉斯地区的大型柑橘种植园就是在这个时期开始发展起来的，此外这里还种植了紫罗兰、茉莉花、玫瑰和罂粟。海路方面，东、西印度公司的海员们带回了各种异域的香草和产品，也令香料世界更加多姿多彩。法国宫廷向来是整个王国以及欧洲上流社会的风尚领导者，在这里，使用香料也得合乎礼节。当时流行的装饰很多，比如扇子、手帕、香囊、衣服、假发、念珠等，都得用上各自专属的香氛。路易十四绰号“温柔花香”(doux fleurant)，就是因为他爱用香料至

直到很接近现代的时候，香料制造和手套制造都是紧密联系在一起的。

当时的巴黎和罗马都拥有制造羔羊轻革手套的特殊技艺，这种手套使用的是小山羊的头层皮。获取这种皮革需要高度的精细劳作，而用这种皮子制成的手套极为细腻柔软，甚至可以折叠起来塞到一个核桃里去。

滥用的地步，严重到令自己对香料过敏，而不能再闻橙花以外的任何香味。这也导致了全国性的恐慌，大家都以为这样一来，凡尔赛宫中的忌讳也会影响全国的卫生防疫工作。但事实上，人们还是继续用香料匣点熏香来掩盖卫生方面的不足；在瘟疫时期，为了对抗疫气，街道上和居民区甚至成捆地点燃香料、香氛，以及砒霜、硫黄或者炮用火药。

到路易十五的时代，使用各种香料的活动都在继续，只不过大家抛弃了动物类的香料，因为太过刺鼻；花香或是其他比较清爽的气味大行其道；柑橘类的古龙水以其清爽和雅致最受欢迎。某种新的提炼方式出现，标志着香料制造现代化的开始。宫廷里对香料的使用正在发生转变，虽然不明显，但一直没有停止，鸢尾、罂粟和紫罗兰的地位也都在提高。

香料制造的工业化

卫生领域走向现代化

从 18 世纪后半叶起，香料制造领域开始面临一场变革，而这场变革也带领香料制造业形成今天我们所了解的面貌。这一时期出现了百科全书派，而对科技的掌握程度也昭示了 19 世纪工业革命的开始。这样的大环境对制香师来说也不陌生：原材料要经过数次蒸馏以得到“修正”，最

香料制造的工业化正在大踏步前进，在它不断完善的过程中，也使用了许多越来越精细的分析及合成工艺。

后会去掉蒸馏水萃取出精油，以获得“高浓度精油”（esprit ardent）。脂吸法（enfleurage）经过改良，可以去掉那些“哑香”，也就是香气太不稳定、无法通过蒸馏被保留下来的味道。通过这些技术，香料制造终于摆脱了季节的束缚，制作出可以保存的香气，以便在全年的任何时候都可以使用。也因此，香水的成分可以被任意组合，不再受拘束。

19 世纪的重大改变，一方面是卫生条件的明显改善，无论个人或者公共方面都是如此；另一方面是工业的巨大进步，由此也对香料制造行业产生了革命性的影响。著名女作家斯塔尔夫人（Madame de Staël）曾说：“现代香料制造业是一场时尚、化学与商业的相逢。”

无论是在巴黎或格拉斯，工厂里都引进了蒸汽锅炉以对蒸馏器进行加热，而它在需要压榨大量植物原料时特别有意义，其提炼效果也更好。与此同时，蒸馏也变得更加精细，精油的香味更接近花朵天然的芬芳。1863 年起出现了挥发性溶剂提炼法（来自法国的发明），能获得“净油”（l’absolue），这是一种纯度极高的新型天然产品。19 世纪末则出现了最早的合成香氛，这也是传统制香与现代制香的分野。人们通过化学分析法对气味进行解码，更准确地说是解析它们的成分，这样就可以很快地模仿出任何物体的气味。这个分析与综合的过程就成了今天工业香氛和气味的基础，涉及了美容、食品、卫生、药房等诸多领域……

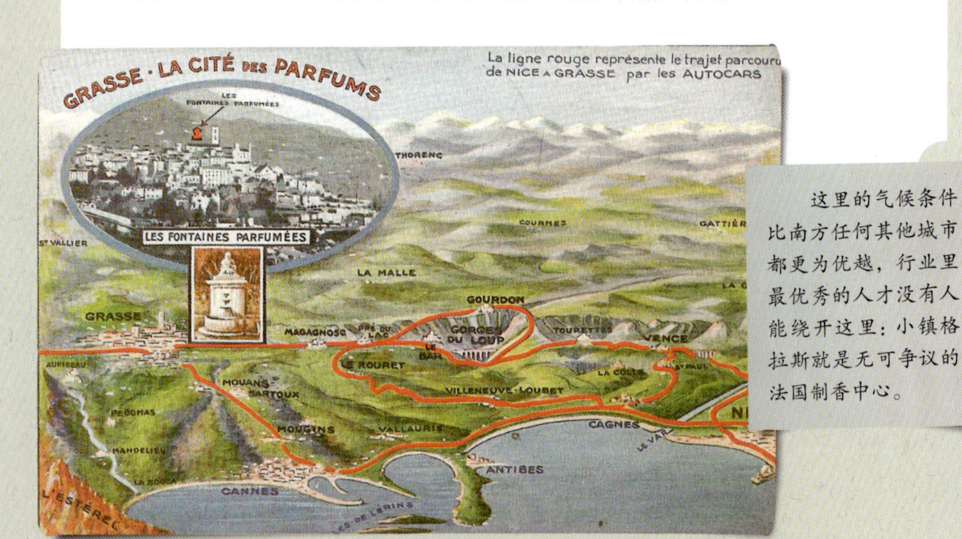

这里的气候条件比南方任何其他城市都更为优越，行业里最优秀的人才没有人能绕开这里：小镇格拉斯就是无可争议的法国制香中心。

从植株到装瓶

原料

通常，当我们想到香氛时，眼前马上会浮现出一捧捧的鲜花。然而植物的所有部分都可能被用于制香，包括树皮、树根、木头、树胶或渗出液、叶子和果实，这些原材料来自全世界，都会用于香水制造。

而在法国，说到香水，就不得不提起格拉斯及其所在的地区。在这里，人们仍然会在玫瑰香气最为浓郁的清晨采摘它们，特别是百叶玫瑰，或称“五月玫瑰”。此外还需要从土耳其、摩洛哥和保加利亚进口玫瑰花瓣，以补足所需的用量。茉莉花也是成就格拉斯美名的花种之一，这里仍然种植着茉莉花，但也需要从西班牙、北非和印度进口。晚香玉原产自墨西哥，在 17 世纪时被引进格拉斯地区，但现在主要依靠从印度进口。

橙花对蓝色海岸地区具有象征性意义，从前大量出产于尼斯到土伦一带；现在在阿尔卑斯滨海省仍有种植，但大部分还是来自意大利和埃及。普罗旺斯地区的薰衣草经过蒸馏，主要用于男士淡香水，但也会出现在诸多工业化的清洁产品中。能唤起人旅行愿望的依兰则来自科摩罗、留尼汪、毛里

作为一种气味芬芳的花朵，茉莉花为成就格拉斯的美名而功勋卓著。

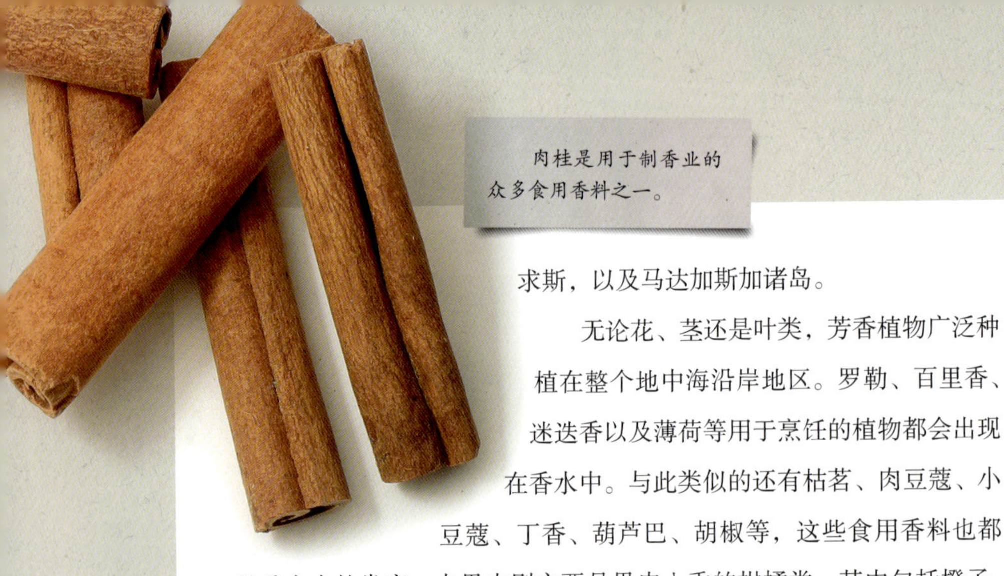

肉桂是用于制香业的众多食用香料之一。

求斯，以及马达加斯加诸岛。

无论花、茎还是叶类，芳香植物广泛种植在整个地中海沿岸地区。罗勒、百里香、迷迭香以及薄荷等用于烹饪的植物都会出现在香水中。与此类似的还有枯茗、肉豆蔻、小豆蔻、丁香、葫芦巴、胡椒等，这些食用香料也都是香水中的常客。水果中则主要是果皮入香的柑橘类，其中包括橙子、柑橘、柠檬、香柠檬，此外，还有香荚兰。

香根草、鸢尾和姜主要以根部入香；广藿香、苦橙、天竺葵和没药则主要贡献叶子。檀香、愈创木、桦树、雪松、肉桂主要用其树皮；古蓬香胶树、愈伤草、乳香、妥卢香（baume de tolu）则以它们的树脂或是渗出的汁液入香。

合成

在如今的香水制造业，合成产品的使用已非常普遍，它们甚至已经成为香水的主要组成部分。正是因为从 19 世纪中叶开始，化学取得了巨大进步，香水才由此诞生。今天，合成原料主要来自石油加工产品，其价格并不一定比天然材料低廉，但能保证持续供应必需的数量和稳定的产量。

提取香味的温柔手

原料已经齐备，现在就得不损分毫地把香味提取出来。萃取的方法也是多种多样的。

动物也产香

如今，香料制造领域里的动物性原料都已经被化学合成产品替代，但它们曾经的地位可是举足轻重的。麝香是繁殖期的雄性麝鹿下腹部香腺囊的分泌物，成品呈颗粒状。而珍贵的灰琥珀，亦即龙涎香，是在抹香鲸肠道内形成并自然排出体外的。麝猫是一种形似野猫的小型食肉哺乳动物，生活在印度和埃塞俄比亚，它的分泌物“麝猫香”带有强烈的麝香气味。最后，就像名字所说的那样，海狸香来自海狸（现已更名“河狸”。——译注）。这种气味强烈的油状分泌物来自海狸尾巴下肛门边上的性腺。

■ 脂吸法

脂肪能吸收气味，大家应该都观察过，冰箱里放着的黄油就有这种不太招人喜欢的倾向。脂吸法就是简单地将油脂和有香味的原材料放在一起。

•油脂冷吸法：把一片玻璃镶在木头框里，两面都涂上脂肪，然后用一种特制的叉子将花放在脂肪涂层上画线。那些不能被热处理的娇弱花朵，比如茉莉，就会被嵌在脂肪里。花朵每天更换，脂肪就不断地吸收花香。3 个月后，脂肪就会吸饱香味。这种古老的技术从 19 世纪中叶开始大行其道，1000 克脂肪能够吸收 3000 克鲜花的芳香。此后，形成的香膏会被融化、澄清，然后与酒精混合。香气就会从脂肪转移到酒精中。最后将其过滤以获得净油。然而这种技术操作太过繁复，所以在 20 世纪 30 年代慢慢被淘汰了。

•油脂热吸法：这种技术非常古老，早在古埃及就已经开始使用了，用来处理的花朵种类主要包括玫瑰、金合欢、橙花等。操作时，先在大锅里隔水加热容器，使脂肪在容器里溶解，然后直接放入花朵，搅拌两小时后晾凉。第二天，把里面的花拣出来，换成新鲜的花朵，然后重复之前的操作十余次。之后过滤吸饱花香的油脂以获得香膏，其后的操作与油脂冷吸法相同。

操作脂吸法时，只需将脂肪与芳香物放在一起就可以。

■ 蒸馏法

这种分离方式能够提炼出存在于植物植株，比如叶子、根部、花朵里的芳香精油。操作时，要先把原料浸入水中煮开，然后冷却蒸汽以收集冷凝液，这是一种水油混合物。因为油比水轻，所以只要经过澄清就可以将精油分离出来。可以这样处理的香料植物包括香根草、天竺葵、鸢尾、檀香木，但这样操作的投入产出比却是非常惊人的：要得到 1 千克纯精油，需要蒸馏 4 吨到 10 吨玫瑰花瓣，橙花需要 1 吨，天竺葵得 600 千克，广藿香则需要 330 千克的叶子。

■ 压榨法

这种简单的提炼方法主要针对柑橘类，目的就是分离果皮中的精油。以前人们会在装了尖刺的木板上用手工摩擦果实；如今则使用果汁

在工业化时期，蒸馏法能够同时处理大量的原料。

离心分离法来压榨和分离精油，其费用比较低，而且质量很好。

■ 挥发性溶剂提炼法

以水为溶剂的蒸馏法在处理银荆、玫瑰或水仙时效果不够好，所以19世纪时人们便在蒸馏过程中加入了一些溶剂来加强效果，如今最常用的溶剂是己烷。己烷能令芳香物质更好地溶解，以提高提炼纯度，而且极易挥发，非常容易去除。人们会用一种溶剂反复清洗植物性原料，然后进行澄清和浓缩，之后，再对溶液进行部分蒸馏。这样既可以分离芳香分子、蜡和色素，也可以分离溶剂以备再次使用。根据植物性原料的不同，最后获得的成品是可直接使用的树脂，或者浸膏。对浸膏再清洗、过滤，便可完成提纯，最后得到净油。这是香水配料中的上品。

■ 二氧化碳超临界萃取法

在温度超过31 ℉以及施压的情况下，二氧化碳会呈现一种介于气体和液体之间的状态，这种状态我们称为“超临界”（super critique）。“超临界”的二氧化碳能够分解活性组织中的诸多成分，且不会像溶剂那样留下不必要的痕迹。

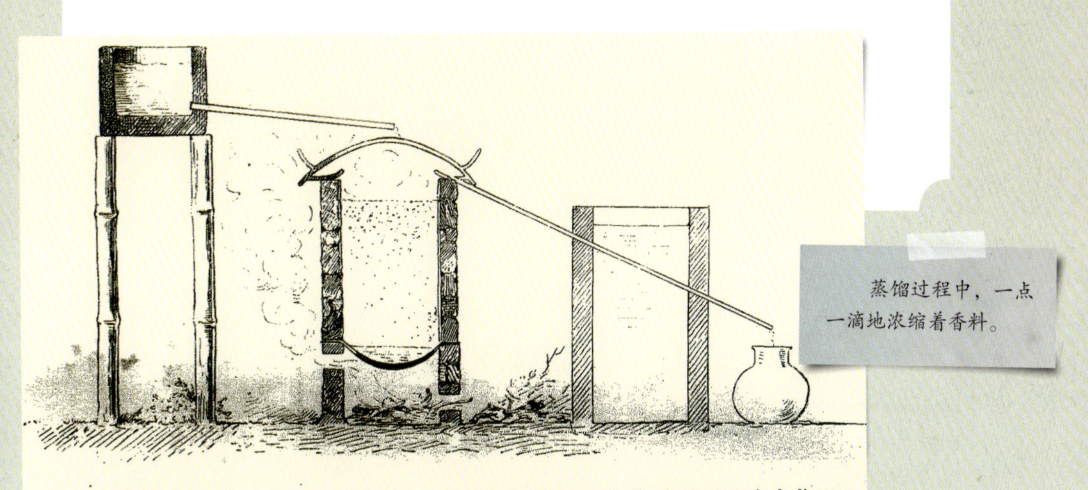

Appareil à distiller l'huile de badiane (voy. p. 335). — Dessin d'Eug. Burnand, d'après un croquis de l'auteur.

蒸馏过程中，一点一滴地浓缩着香料。

挥发性

香水中使用的各种植物性原料，其挥发性都不相同，因此给我们的嗅觉留下的印象深浅也不一样。

所以这里我们将它们划分为“前调”（挥发性极强）、“中调”（挥发性适中）以及“尾调”（挥发性最弱），这通常用于混合物的配方和香料的身份辨认。

前调	中调	尾调
佛手柑	蓍草	挪威当归
白千层	莳萝	罗勒
樟脑	八角茴香	安息香脂
小豆蔻	苦橙	玫瑰木
枸橼	沉香木	苦橙
柠檬	可可子	芳樟叶油
特级柠檬	德国洋甘菊	肉桂
香茅	罗马洋甘菊	胡萝卜
芫荽	野生洋甘菊	山扁豆
枯茗	小豆蔻	扁柏
龙蒿	芫荽	乳香
尤加利（桉树）	枯茗	波斯树脂
柠檬尤加利	黑枯茗	刺柏
薄荷尤加利	龙蒿	姜
茴香根	茴香根	蜡菊
柠檬草	橙花	墨角兰
来檬	缅栀花	蜂蜜
木姜子	金雀花净油	橡树苔藓
玉兰叶	天竺葵	吐鲁胶
柑橘	姜	没药
特级柑橘	神香草	甘松香
红橘	香根鸢尾	肉豆蔻仁
绿橘	茉莉	康乃馨叶

（续表）

前调	中调	尾调
蜜蜂花 30%	西班牙茉莉	牛至
矮薄荷	月桂	广藿香
胡椒薄荷	薰衣草	科西嘉黑松
罗马薄荷	宽叶薰衣草	海岸松
五脉白千层	特级薰衣草	欧洲山松
苦橙	玉兰	意大利松
甜橙	蜜蜂花 100%	乔松
特级甜橙	蜂蜜净油 60%	欧洲赤松
血橙	金丝桃	黑胡椒
葡萄柚	银荆净油 50%	旋果蚊子草
樟树精油	香桃木	迷迭香
柠檬百里香	水仙净油 80%	檀香木
柠檬马鞭草 10%	甘松香	欧洲冷杉
柠檬马鞭草 100%	肉豆蔻仁	花旗松
	牛至	红冷杉
	荨麻	风轮菜
	鲁沙香茅	柳树
	瑞士五针松	茶
	绿胡椒	白色百里香
	杜鹃花	红色百里香
	玫瑰净油	香根草
	白玫瑰	
	保加利亚玫瑰	
	五月玫瑰净油	
	印度玫瑰	
	摩洛哥玫瑰	
	土耳其玫瑰	
	鼠尾草	
	紫苏	
	香荚兰净油 80%	
	紫罗兰	
	依兰	

CAROTTE ROUGE
longue de Colmar

胡萝卜？谁能想到它会出现在这里？但胡萝卜确实会被放在数款香水的尾调中。

香调的七大家族

不难想象，各种原料进行组合的无限可能性会让人晕头转向。所以法国香水协会对这些可能性做了分类，将它们分成七大“家族”，每个家族内部再进行下一级分类。这些分类可以使描述组合出来的各种男香和女香更为方便。

■ **花香调**（Les floraux）：指以花香（玫瑰、茉莉、晚香玉等）为主调的香水。其中包括单一花香调、薰衣草单一花香调、复合花香调、青花香调、乙醛花香调、木质花香调和水果木质花香调。

■ **柑橘香调**（Les hespéridés）：指用柑橘类水果（橙子、香柠檬等）的果皮精油制作的香水。此类又可以分成花香西普柑橘调、辛香柑橘调、木香柑橘调、芳香柑橘调。

■ **馥奇香调**（Les fougères）：这一类其实跟 fougères 这个名字所指的蕨类植物没有什么关系，而是主要结合了木香和薰衣草香调。其中包括馥奇香调、甜琥珀馥奇香调、辛香馥奇香调和芳香馥奇香调。

花香浓郁的花丛。

■ **西普香调**（Les chyprés）：这一香调的名称来自弗朗索瓦·科蒂（François Coty）于1917年推出的香水“Chypre”（塞浦路斯）。它散发出橡树苔藓的气味，伴随花香和果香。又可细分为西普香调、花香西普香调、乙醛花香西普香调、果香西普香调、青西普香调、芳香西普香调和皮革西普香调。

■ **木香调**（Les boisés）：此香调常使用檀香或雪松，但也会用到广藿香和香根草。可以细分为木香调、乙醛松柏木香调、芳香木香调、辛香木香调、辛香皮革木香调和琥珀木香调。

■ **琥珀香调**（Les ambrés）：也称东方香调，香气热烈而带脂粉气息，也经常杂糅着香荚兰的味道。其中包括花香木质琥珀调、花香辛香琥珀调、柔和琥珀调、乙醛琥珀调和花香半琥珀调。

■ **皮革调**（Les cuirs）：让人感受到烟草、烟火或真皮的味道，多用于男香。可以细分为皮革调、花香皮革调和烟草皮革调。

西普香调的名称取自1917年弗朗索瓦·科蒂创作的香水。

芳香植物肖像廊

八角

Illicium verum Hook. - 木兰科

制香师眼中闪亮的星

植物肖像

八角，又称为八角茴香。出产这种果实的是一种高度可达18米的热带乔木，其柳叶刀形的深绿色叶片表面光滑，且带有香气。花冠为浅黄色中略带浅粉，花朵会慢慢长成八瓣的星形硬质小囊，每个瓣里都有一颗长形的棕色硬质种子，光滑而闪亮。

八角，或称八角茴香，产自中国、日本、印度和菲律宾等国。如果能做好防寒工作，它在法国南部也可以生长。据说古埃及人就已经开始种植这种植物，时间已经久远得无法考证，当时许多古文明的传统药典中都有使用八角的相关记载。谁小时候没有喝过含有八角的花草茶，来治疗腹胀气和各种胃疼呢？如今，著名抗感冒药“达菲”（tamiflu）的成分中也有八角。

八角也经常用在烹饪中，是著名的“五香”调料之一，另外四种是花椒、桂皮、丁香和茴香。16世纪末期，八角是跟其他各种香辛料一起由东、西印度公司引入欧洲的。众所周知，若干种茴香饮料都以八角作为主要原料，比如法国传统茴香酒（pastis），希腊人喜欢的茴香烈酒（ouzo），还有茴香力娇酒（anisette）。比较不为人知的是，八角也会被添加到一些香水当中。

充满阳刚气的八角

4月和10月分别是八角果实一年两次的收获季节。这时，中国、柬埔寨、越南和菲律宾的相关产地就活跃了起来。一百多千克的新鲜果实可以制成25千克到30千克的干燥果实。手工处理时，人们会把它们放在大型蒸馏器中直接用火加热；当然也可以用工业装置提炼，而两者的加工方式相同，但最后提炼出来的精油量与前者有区别。如果使用新鲜果实，“提炼”一般需要两天，提取率为2%到4%；而用干燥果实则需要60个小时左右，提取率略高，为8%到9%。在液体状态下，精油呈现一种略带琥珀色的美丽淡黄色，具有强烈的八角香气。这种油会被用于烹饪、食品、制造糖果或者如茴香酒之类的酒精饮料；而在香水制造业，八角精油则多出现在西普香调、馥奇香调的香水中，带来一抹男性气息。此外，法国著名的蜂蜜香料面包（Pain d'épices）中也会用到八角。

八角精油的香气很大程度上来自其所含的茴香醛；但又因为葑酮（fenchone）含量不同，其气味和茴芹还是有些区别的。

“爵士”传奇

香水制造业使用的茴香（Anis）气味主要有两个来源，即茴芹和八角茴香。八角具有强烈的新鲜香气，所以从嗅觉上被认为是清爽型的香辛料，而其他香辛料都是暖热型的。即便如此，使用八角时还是需要谨慎对待用量，否则很容易造成夸张的香气。当时伊夫·圣·罗兰的香水“爵士”就受到了这样的批评。但这不是因为前香将八角和薰衣草、罗勒放在了一起，而主要是因为尾香中使用了檀香、零陵香豆、麝香和皮革，让香水呈现一种太过深沉的存在感。也就是说，这个配方太……男性化了。

耳后两滴香

含有八角茴香的香水

- YSL 圣·罗兰（Yves Saint Laurent），爵士（Jazz，1988）
- 捷豹（Jaguar），捷豹经典（Jaguar Classic，2001）
- 兰蔻（Lancôme），梦魅男士香水（Hypnose homme，2007）
- 安娜雅克（Annayake），米亚比男士（Miyabi Man，2009）

在枕头下放几把八角籽，能有效地帮助安眠。

在日本有另一种八角茴香被称为日本八角（*I. religiosum*），因含有毒害神经的成分而在法国被禁。

艾草

Artemisia vulgaris L. – 菊科

她令你晕头转向

艾草，又被称为艾蒿或者北艾，是一种在乡间随处可见的植物。它所在的蒿属家族则更加庞大，并且从古代开始就被用于医药领域。艾草来历神秘，所以它的拉丁名字也来自充满神秘感的女神阿尔忒弥斯（Artemis，希腊神话中的月亮与狩猎女神。——译注）；它也的确经常被用于治疗各种女性疾病，还可以改善月经延迟和助产。也因为所有跟女性相关的事物都带有一点神秘感，所有蒿属植物都被认为具有魔力而特别受巫术领域的青睐，可以协助执行“白魔法”（magie blanche，一般指对人有益的魔法，比如起保护作用或是带来爱情的魔法。与此相对的是具有邪恶作用的黑魔法。——译注）。《大阿尔伯特魔法书》[*Le Grand Albert*，18 世纪至 19 世纪流行于法国民间的魔法书，与此相对的还有《小阿尔伯特魔法书》（*Le Petit Albert*）。——译注] 写道，佩戴艾草的人不害怕火、水、毒药或任何邪恶力量。

一直以来，生活中与我们关系最密切的艾草品种是苦艾。以“令人疯狂”闻名的利口酒，就是以它为原料酿造而成的。也就是说，无论是盛在杯中或是涂在女人颈上，艾草都会让人昏头——因为艾草也会被用在香水中。

植物肖像

多枝的草本植物，高1米到1.5米，叶片边缘形状极为精细。它的根系极富生命力，也因此可以在其周围大肆开疆破土。开花时的多头头状花序总体为黄色，但会折射淡淡的紫色。整株植物都有香气，散发的气味类似其近亲——苦艾。

狂野之木

这种植物的各个部位都有香气，所以从根茎到花簇都会被用来制香。秋天或初春时，艾草的整个根茎会被截下来晒干；晒干的过程中，鲜株的重量会减少约 60%。用石油醚对根茎与花簇进行萃取，可以提炼出一种树脂状物质，然后加工成一种颜色从深橄榄绿棕到浅绿棕不等的净油。净油中微带樟脑味的气息会令人联想到雪松、鼠尾草，当然，也还有一抹八角香气。艾草中有一个特殊品种，也就是白艾草（*Artemisia herba-alba*），它的花簇也会被采摘入香；提炼时使用直火加热蒸馏瓶进行水蒸气蒸馏，或者放在收割现场架起的流动小型蒸馏机组中萃取。如此提取出的精油呈黄色至浅绿色，具有典型的侧柏酮气味；但提取比例相当低，只有 0.15% 至 0.70%。

“倔强”传奇

Germaine Emilie Krebs，也就是著名的格蕾夫人（Madame Grès），于 1942 年开设了她第一家专门销售高级定制服装（Haute Couture）的门店。而直到 1959 年，她才推出了自己的首支香水：“*Cabochard*”（意为“倔强”。——译注）。其后，“*Cab-*”系列还推出了“Cabotine”（1990）和“Cabaret”（2002），以及增添了一抹现代气息的“*Ambre Cabochard*”。然而真正懂香水的人还是会忠于最初的配方，因为在 Cabochard 诞生的年代，人们崇尚一款香水伴随终生。这款香水是皮革西普香调，主调来自橡树苔藓、香柠檬、岩蔷薇和广藿香，其中也加入了艾草。最后形成的气味带着干爽的木香和轻柔的橙香。

从前，人们用艾草将母鸡变嫩。确切地说，这一步骤其实是让母鸡太过老韧的肉质变嫩。

耳后两滴香

含有艾草的香水

· 格蕾（Grès），倔强（Cabochard，1959）
· 倩碧（Clinique），芬芳珍露（Aromatic Elixir，1971）
· 娇兰（Guerlain），德比（Derby，1985）
· 欧宝蒂卡里欧（O Boticário），胜利（Triumph，1996）
· 潘海利根（Penhaligon's），苦蒿（Artemesia，2002）

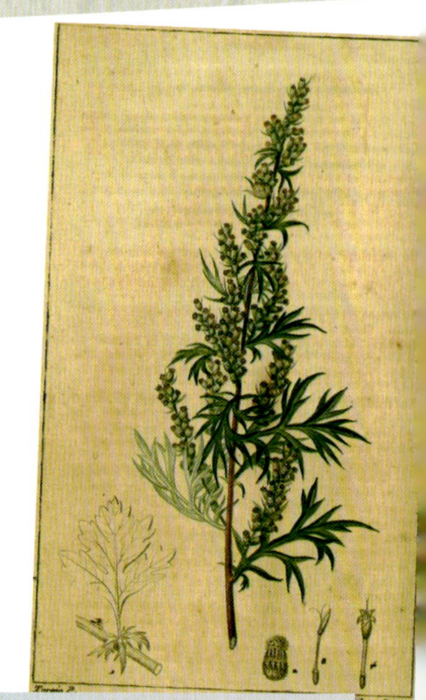

如果一种植物拥有众多俗称，往往说明其被使用的历史悠久且范围广泛。艾草的别称就数不胜数，比如柠檬艾草（armoise citronnelle）、艾蒿（artémise）、皇家草（herbe royale）、百味草（herbe aux cent goûts）、圣让（圣人名）草（herbe de la Saint-Jean）……

涉足饮料圈的艾草

艾草也被用来为一些茶饮或利口酒增添风味，在这方面最受欢迎的莫过于苦艾（拉丁名：*Artemisia absinthium*），也就是制作著名的“绿仙女”（一种茴香利口酒。——译注）的原料；其他比较常用的有苦艾的近亲，比如黑蒿（*A. genipi*）或白蒿（*A. umbelliformis*）。

罗勒

Ocimum basilicum L. – 唇形科

精彩不囿于厨房

罗勒源自印度，在那里，它不仅被用于烹饪和传统医药，也同样是葬礼的组成部分。按照习俗，逝者的双手里会各放一小把罗勒，以陪伴其去往另一个世界的旅程。传说公元 3 世纪时，君士坦丁大帝的母亲圣海伦娜就是在罗勒的香气指引下找到了真正的十字架，从而将罗马帝国转化成基督教国家，当时罗勒还不太有名。所以在罗马，罗勒的形象相当讨喜。对当地人来说，罗勒是爱人的标志，奉送一束罗勒的意义不言自明。在厨房中，罗勒不可或缺且价格低廉，它的重要性就不用多说了。比如说，意大利的“青酱”（*pesto*）中必然有它，普罗旺斯的蔬菜蒜泥浓汤（pistou）中也有它的身影，用它配上莫扎里拉奶酪片和新鲜番茄片，更是不朽的经典美味。厨师们总是忍不住要争执，到底大叶片还是小叶片的罗勒气味更香。当然这种讨论也不会有什么结果，研究表明，它们的精油含量一样丰富。

所以早有意见认为，罗勒也应该在香水制造领域里大展身手，而罗勒变化多端的香气也从侧面证明了这个观点的合理性。除了普通的罗勒，人类认识的罗勒种类还有很多，它们能散发出柠檬、肉桂、茴香、苹果甚至丁香的香气。更令园丁们大跌眼镜的是，他们发现了叶片有手掌那么大的“猛犸象罗勒”（Basilic Mammouth）和“莴苣叶罗勒”（Basilic à feuille de laitue），以及叶子几乎全黑的“紫褶罗勒”（Purple Ruffle）。

双面罗勒

目前有两种含有特殊化学成分的罗勒被用于香水制

植物肖像

一年生草本植物，植株高30厘米到60厘米；简单单叶上覆盖的细小腺性茸毛更增加了芳香气味。叶片通常是绿色，但有时也带深浅不同的紫色。花期在6月到9月之间，穗形的花朵颜色有白色、粉色或紫色。

耳后两滴香

含有罗勒的香水

·迪奥（Dior），迪奥雷拉（Diorella，1972）
·莱俪（Lalique），莱俪男士淡香水（Lalique pour homme，1997）
·慕莲勒（Molinard），米蕾娅（Mirea，2005）
·阿莎露（Azzaro），期遇辉煌（Visit Bright，2006）
·娇兰，花草水语淡香水—柑橘罗勒（Aqua Allegoria, Mandarine-Basilic，2007）

造，其一是含草蒿脑（estragol）的罗勒，主要种植在越南、科摩罗、留尼汪、马约特岛和马达加斯加；其二是含芳樟醇（linalol）的罗勒，主要出产于埃及，这种罗勒整株都气味芳香，每年可收获两次以用于香水制造。

提炼这些成分的过程中，人们通常使用大型蒸馏器对新鲜植株进行水蒸气蒸馏，以获得罗勒精油。萃取比例一般是每 10000 平方米出产 3 千克。罗勒精油液体清澈，呈美丽澄亮的黄色。其散发出的罗勒香气如此清新特别，辨识度极高；这种气味中还带有香辛料和八角茴香的特点，主要是因为含有草蒿脑。

迪奥雷拉传奇

1966 年，以鼻子嗅觉敏感著称的调香师埃德蒙·罗德尼斯卡（Edmond Roudnitska）调制了迪奥的第一款男香“狂野之水”（Eau Sauvage）。这款香水之后成了不朽的经典之作，直到今天还非常受欢迎。1972 年，罗德尼斯卡又调出了迪奥雷拉（*Diorella*），也就是对应前者的女性版本，据调香师本人说，某种程度上，这是最让他感到骄傲的一款作品。这款香水围绕着我们现在十分熟悉的西普香调展开，尾调主要由橡树苔藓和香根草构成。而这款香水极为清新的前调主要来自罗勒和西西里柠檬的配合，中调则是由桃子的果香和忍冬的花香交织而成。

自古以来，罗勒精油就因为它的各种医疗效用而深受重视，如镇痉挛、助消化、引嚏、镇静、祛痰。罗勒精油的主要成分有芳樟醇（45% 到 62%）、丁香酚、桉树脑和草蒿脑。

罗勒原产于印度。在香水领域，迪奥品牌的香水“Eau sauvage”就是以罗勒的气味为核心。

安息香脂

Styrax tonkinensis L., *S. Benzoin* L., *S. paralleloneurum* L. –安息香科

就请让安息香流泪吧

植物肖像

越南安息香（*Styrax tonkinensis*）是一种原产自马来西亚的大树，高度可达25米至30米。这种树的树枝不算繁茂，上面长着长卵形、带尖头的常绿叶片，叶片长5厘米到10厘米。花朵色白而大，长达18厘米，能结出10厘米至12厘米长的蛋形果实。

耳后两滴香

含有安息香脂的香水

· 尼可莱（Nicolaï），
夏日之水（Eau d'été，1997）
· 娇兰，
瞬间（L'Instant，2004）
· 潘海利根，
百合与香料（Lily & Spice，2005）
· 阿玛尼（Giorgio Armani），
奇域东方三部曲——浪之秘密
（Onde mystère，2008）

从遥远的古代开始，安息香树脂就已经被用于医疗和香料制造。买卖这种植物性原料的相关记录最早出现于13世纪的中东地区；15世纪，它传入欧洲。这种树脂其实来自安息香属的若干不同树种，过去，人们焚烧这些树，以烟熏法对呼吸道进行清理和杀菌。香水制造业经常用到的是琥珀黄色的泰国安息香（Benjoin de Siam，即从越南安息香树中获得的树脂）、深灰色的苏门答腊安息香，以及用量较少的黑色苏合香脂（Storax）。

出产泰国安息香脂的树种主要种植在老挝北部和越南，一般生长于海拔800米到1600米的高度。通常，生长8年左右的树才能供制香使用，之后可以供采集树脂约12年。每年10月到12月，当叶子落地、果实成形时，采集者会在树干上切口：这是最传统的树脂采集方法，所有出产树胶、香膏和树脂的植物都会用到。树干上切开的树皮会留在原处，用作收集树脂的容器。树干被切开后的1周到3周内，切口会渗出硬质的"泪滴"，采集者会随时把这样的树脂刮下并收集起来；每棵树的

卫生香纸

19世纪末，化学家奥古斯特·彭索（Auguste Ponsot）发现，亚美尼亚人通过焚烧安息香脂来净化室内空气，为室内营造宜人香气。于是彭索与药师亨利·利维耶（Henri Rivier）合作，将这种做法加以改进并推广开来。他们的创新是，在酒精中溶解安息香脂，然后将吸墨纸浸在香脂中，待纸干燥后，香气可以持续更久。于是，"亚美尼亚纸"这个带着浓郁异国风情名字的产品就此诞生。

树脂产量不大，在 300 克到 600 克之间。之后，人们会用过筛的方法对树脂进行分级，最大最硬的树脂也最昂贵。出产苏门答腊安息香脂的树种供采集的周期较长，大约 25 年，采集方式跟泰国安息香脂一样。这种树的气味明显更强烈，因此其香脂主要用在香辛调和有香脂气味的香水中；因为气味太浓郁，它也被用在家用清洁产品和化妆品中。这两种安息香脂的萃取都是通过有机溶剂进行的。

别名爪哇乳香的 benjoin（安息香脂的法文名称），这个词本身也是名词“苯”（Benzene）的来源，苯甲酸是印尼安息香脂的主要成分。此外，香水中需要的烟草香调也是通过安息香脂实现的。

“女孩”传奇

巴黎，还是巴黎，永远的巴黎。就是这座城市，还有那无数与其相关的符号和偶像，令人如此难忘。这次，时装品牌巴尔曼（Balmain）决定向艾迪特·皮雅芙（Edith Piaf）致敬，她就是以姓氏“Piaf”闻名全球的香颂女歌手。这支香水仿佛是一段关于女歌手与设计师之间邂逅的淡淡回忆。可以说，如同巴尔曼对时装、奢侈品和香水的潮流把握一样，其品牌对市场营销时机的掌握也拥有极敏锐的嗅觉。这支香水诞生于 2007 年，恰逢导演奥利维耶·达安（Olivier Dahan）的电影作品《女孩》（*La Môme*，更为中国观众所熟知的译法是《玫瑰人生》。——译注）推出，此片在美国市场大获成功。香水“La Môme”给人留下的第一印象十分强烈，那就是饱含“玫瑰”：前调中包含 5 月玫瑰和粉红胡椒；中调则由大马士革玫瑰净油和覆盆子主打，带出一抹甜美的气息，令人联想到那些非常“法国”的经典香水；最后，尾调由没药、愈伤草、琥珀、鸢尾和安息香糅合而成。

香柠檬

Citrus bergamia Risso & Poit – 芸香科

美味的果皮

公元14世纪到15世纪之间，香柠檬（这种水果长期被误称为“佛手柑”，但二者是柑橘类水果中截然不同的两种水果。一般香水中使用的所谓“佛手柑精油”实际上来自香柠檬。——译注）偶然地出现在了意大利南部的柑橘果园里，它其实是苦橙这个种类的变种。另一种观点认为，香柠檬来自柠檬树和苦橙之间的杂交，甚或酸橙（limettier）与苦橙的杂交。这点其实很难说得清，因为数世纪以来，有人叫它“citron-bergamote”，也有人叫它“orange-bergamote”。它的名字本身就一直很有争议：有人说，香柠檬来自意大利北部城市贝尔加莫（Bergame），以前人们就称之为“贝尔加莫梨”。这点其实不太有说服力，因为畏寒的香柠檬需要很多热量，它的种植区也主要集中在较炎热的地带。6个世纪以来，意大利南部的卡拉布里亚大区香柠檬种植业最为发达。如今，卡拉布里亚也包揽了全世界90%的香柠檬产量。香柠檬有4个主要品种，分别是Fantastico、Calabrese、Catagnaro和Femminello。有人说，香柠檬的名字是土耳其语*beg armudi*（意为“贵族之梨”）的变形；香柠檬来自东方，是由十字军带回欧洲的。还有人认为香柠檬来自西班牙加那利群岛，可能是哥伦布从那里引进的，而它的名字则来自原产地——巴塞罗那北部的城市贝尔加（Berga）。

植物肖像

长有常绿叶的小树，树高3米到5米，白色的小花繁密而气味香甜。11月到12月时，花朵会结出表面或光滑或粗糙的果实；果瓤呈黄绿色而多汁，但可惜无法食用。其果实手感扎实，表皮呈黄色乃至淡绿色，果实重80克到200克，形状为多少偏椭圆的圆形，很像果皮色浅的小号橙子。

耳后两滴香

包含香柠檬的香水

- 娇兰，一千零一夜（Shalimar，1925）
- 迪奥，狂野之水（Eau sauvage，1966）
- 卡夏尔（Cacharel），伊甸园（Eden，1994）
- 资生堂（Shiseido），禅男士香水（Zen for men，2009）

从南锡到巴黎

说起香柠檬，人们会联想到伯爵红茶中蒸腾出来的

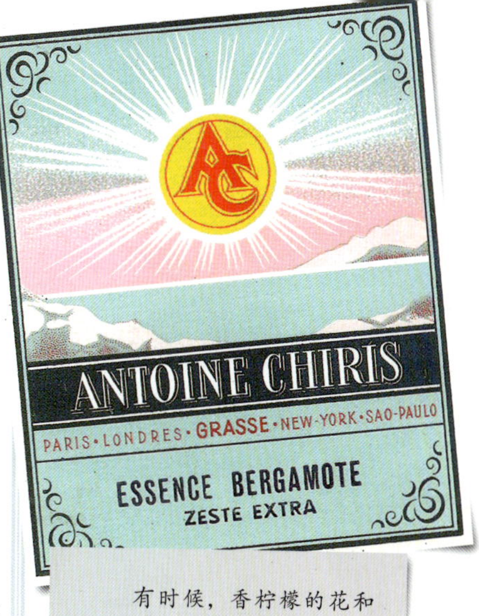

美味气息，或是南锡香柠檬糖的水晶质地中渗出的甜美；归根结底，这是一个完全属于嗅觉的美好世界。对美食家来说，香柠檬就有点儿令人失望，因为它的果肉无法食用。香柠檬的果皮从黄色到淡绿色都有，而它包裹起的果肉则极苦。为了自我安慰，人们只好把目光转向果皮。香柠檬果皮中有诸多含精油的小囊袋，只要把它们直接放到大型压榨机中过一遍，就可以榨取其中的精油，萃取率一般在 0.5%。精油颜色从黄绿色到绿棕色不等，气味清新，带有明显的柑橘类特征。之后，精油还要经过再处理，以去除会通过光线对皮肤造成损害的成分，比如香柑内酯。20 世纪 70 年代，很多人会在皮肤上涂抹香柠檬精油，进行长时间的日晒，以为可以美黑皮肤，却因为香柑内酯的作用，在皮肤上留下了斑点。

有时候，香柠檬的花和叶也会入香，但使用最多的还是果实，通常 1500 千克果实才能生产 1 千克精油。

娇兰香露传奇

这种香露是娇兰数款香水中都含有的基底型香水，实际上几乎成了品牌的标识之一。1921 年，雅克·娇兰（Jacques Guerlain）以他叔叔艾米·娇兰（Aime Guerlain）在 1889 年调制的香水“姬琪”（*Jicky*）为基础，调制了这款传奇香露。出于某种偶然的尝试，雅克·娇兰在其中添加了一份合成香草醛，去掉了原有的木香和薰衣草香，最后添加了香柠檬。这款基底香露最早被用在“一千零一夜”（*Shalimar*）中，而这款女香则在 1925 年巴黎大皇宫举办的装饰艺术展中大放光彩。“一千零一夜”的成功应完全归功于香柠檬；香柠檬的味道几乎就等于这款香水的味道，娇兰也毫不犹豫地将其中香柠檬的比例提高到了 30%；虽然在有些人看来，这个比例已嫌过分。

香柠檬精油搭配橙花精油和薰衣草，构成了经典古龙水的主要成分。

苦橙

Citrus aurantium L., *C. bigaradia* Risso - 芸香科

柑橘中的战斗机

植物肖像

高5米到10米的常绿叶小乔木；卵形树叶表面光滑、质地较厚，摩擦时散发浓郁香气。花蕾为粉色，开放时则为形状简单的五瓣白花。果实为橙色，成熟时果皮会逐渐变厚。

耳后两滴香

含有苦橙花油的香水

· 科蒂（Coty），牛至（Origan，1905）
· 爱马仕（Hermès），橘绿之泉古龙水（Eau d'orange verte，1978）
· 莲娜丽姿（Nina Ricci），情迷巴黎（Love in Paris，2004）
· 让-保罗·高缇耶（Jean-Paul Gaultier），男人花（Fleur du mâle，2007）

苦橙（其中文植物学名应为“酸橙”，但香水行业习惯称之为“苦橙”，故此处保留习惯译法。——译注）原产于中国，在公元9世纪时被阿拉伯人引进整个地中海地区。在西班牙，苦橙得到了大力培植，它也因此获得了“塞维利亚橙”的别名。苦橙因为本身的药用特性备受重视；此外，它也可当作装饰品使用。在当时的法国南部的城市耶尔（Hyères），人们发现苦橙和东征的十字军带回的中亚甜橙同样美好。苦橙还被用来制造广受欢迎的英式果酱以及几种苦味的利口酒，比如库拉索酒（Curaçao）。

在法国格拉斯地区的重要花类植物中，苦橙也是人们最早开始种植的品种之一。其种植始于莱兰（Lérins，法国戛纳附近群岛——译注）修道院的修道士，此后苦橙在法国内陆扎根，并在16世纪至20世纪得到了长足发展。1900年，苦橙种植者团结起来，组成了合作组织Nérolium。

苦橙栽培曾是法国格拉斯地区以及西班牙南部最为重要的种植项目之一。如今，苦橙的种植区相当多，摩洛哥就是最典型的苦橙产地。

苦橙全身都是宝

香水制造业种植苦橙，首先是利用它的花朵（一般被不恰当地称为“橙花”），再就是用其果皮榨取精油，最后，它的叶子也可以用来萃取橙叶油。人们用水蒸气对苦橙花进行蒸馏，得到的液态苦橙花精油（néroli）呈现黄色或微微泛蓝的美丽琥珀黄色。从这个过程中获得的花水，也就是苦橙花中的水分，会被用在食品和糕点制作中——就装在大家都很熟悉的小蓝瓶里，每升花水中也含有 1 克精油。苦橙花可以用几种溶剂直接萃取，以获得苦橙花浸膏及净油。果皮的处理方式与其他柑橘类水果相同，整个果皮部分都会经过简单的机械冷压；用这种方式获得的苦橙精油含有高浓度（90%—95%）的柠檬烯，正是它奠定了柑橘类水果的基本特性。最后，人们将苦橙浓密的枝叶进行蒸汽蒸馏，获得橙叶油。

情迷巴黎传奇

时尚、情爱与魅力之都——巴黎这个城市，以及穿着小黑裙的巴黎女子，从未停止为这个世界提供“so Paris”的优雅范本。

这是属于设计师和调香师群体共同的职业根基，没有人能避开巴黎不谈。而这次，是由著名品牌莲娜丽姿为她的城市献上敬意。这是调香师奥雷里安·吉查德（Aurélien Guichard）2004 年的创意：他希望调制一款气质浪漫的香氛，香调整体拥有精彩的和谐度，而中心要落在牡丹与玫瑰上。这款香水的清爽前调来自香柠檬、橙花油和八角茴香。

简约美好

从前在修道院里流行自制一种以苦橙花为原料的简单水剂。这种橙花水被称为“娜芙”（写为 *naffe* 或 *naphe*）。

锡兰肉桂

Cinnamomum zeylanicum Blume, *C. cassia* Nee ex Blume – 樟科

来自锡兰的美味

我们所熟悉的香辛料“桂皮”，实际是在干燥过程中被卷成管状的肉桂树皮碎片。人们通常可以这样直接使用这些碎片或者将其磨成粉末。香水制造业会用到肉桂的树皮、木屑和叶子，只不过每种材料能提取的精油量有所不同。说到树本身，它的高度能达到10米以上，有时甚至再翻一番；但人们为了采摘方便，通常会让它维持在类似灌木的高度。肉桂精油大部分来自斯里兰卡或印度，也就是肉桂树的原产地。人们会每年两度将树枝砍下并取皮。采集树皮的时间一般是雨季结束时，因为被雨浸湿的树皮更容易剥取。

锡兰的肉桂精油

大部分肉桂精油的制成，都是通过在原产地架起的简单装置进行水蒸气蒸馏完成的；如果用工业手段处理，处理过程基本是在欧洲进行，其精油萃取率在0.5%到1%。所获得的精油为清澈液体，深红褐色中略带琥珀色。通过有机溶剂萃取精油，可以获得肉桂脂，萃取率在10%到12%。

肉桂叶也可以用水蒸气萃取，由此获得的清澈精油呈浅琥珀色至深琥珀色，带有强烈的辛香气味，人们很容易从中辨别出丁香酚的存在，它也是调料丁香的标志性气味。因为这个特色，肉桂常被用来调制带有东方香调的香水，在肉桂的原产国，它则用在烹饪和糕点制作中，可以调制酱汁、饮料和制作糖果。

植物肖像

树高约10米，长条形的大型树叶带白色纹理，最初为鲜红色，后转为深绿色。松散的圆锥花序上长有细小黄花，之后会长出形似橡子的紫色果实。鲜褐色树皮呈书页状。

耳后两滴香

含有肉桂的香水

·让·巴杜（Jean Patou），
皇家香水（Le Parfum royal，1996）

·罗伯特·卡沃利（Roberto Cavalli），
献给她的卡沃利女士香水
（Just Cavalli for Her，2004）

·帕高·拉巴纳（Paco Rabanne），
百万男香（One Million，2008）

·艾弗迪（Evody），
奢华之香（Note de luxe，2008）

“百万”传奇

早在古埃及时期，肉桂就已经用在制作木乃伊的过程中；《圣经》中也有若干处与肉桂相关的记载。但似乎直到1220年，肉桂才首次出现在法国：它是著名的伊波卡酒（hypocras，又名“蒙波利埃酒”）的原料之一，这是一种以香料葡萄酒为基础、具有多重功效的饮料。像其他香料一样，从前肉桂的价格也相当惊人。1856年，意大利化学家路易吉·基奥扎（Luigi Chiozza）首次发明了人工合成的肉桂香料；时至今日，肉桂的价格已经比较亲民，人们当然更倾向使用天然肉桂而不是仿品。不知道是不是为了重新证明肉桂的典雅趣味，帕高·拉巴纳推出了香水百万男香（*One Million*），将它装在一个奇妙的金块状的瓶中。这款香水的所有元素都很饱满，前调由肉桂和小豆蔻组合，其后则是带有香料感的芳香气味以及热辣的木香和皮革香气。

自古以来，在斯里兰卡收割肉桂树皮，是专属“萨拉伽玛”（Salagama）种姓族群的工作。

肉桂也无法避免比较边缘的奇特用途。有一个每年举行的“肉桂挑战赛”，参赛者被要求吞下一整勺肉桂粉，并且不能吐出来。但这似乎属于不可能完成的任务。

中国肉桂

中国肉桂（拉丁名：*C.cassia*）主要生长在中国，越南和日本也种植这种肉桂。人们通常会对叶子、树皮和叶柄进行蒸馏，以获得色彩范围从黄色到淡红棕色不等的精油，这种精油具有浓郁的肉桂香气。

小豆蔻

Elettaria cardamomum L. – 姜科

来自马拉巴尔的种子

植物肖像

根系强大的多年生草本植物，树丛高2米至3米。常绿叶呈尖头长条状，长30厘米至60厘米，宽约5厘米，颜色鲜绿。5月到夏天之间开花，白色圆锥花序长30厘米至50厘米。干燥的果实为三瓣蒴果，主要作为香辛料使用。

小豆蔻的原产地位于印度、斯里兰卡和越南之间，野生的小豆蔻也是在那里开始得到人工栽培。它是古代文明中用到的最古老的香辛料之一。古埃及人已经将它用于烹饪和木乃伊防腐过程，以及广义的制香领域中，此外，小豆蔻也用在医学上，治疗各种疾病，缓解消化器官的不适。它的干燥果实为蒴果，里面含有15颗到20颗深棕色种子，在烹饪中用作调料。这种调料常用于印度和非洲烹饪，尤其多用于埃塞俄比亚的菜式。著名的土耳其咖啡中也会放进一颗小豆蔻种子。不能放多了，因为就算小豆蔻的味道既不辛辣也不刺激，它的香气也是极为浓郁的。从中世纪起，小豆蔻开始为欧洲人所知，含有数种香辛料的红酒“伊波卡酒”中就含有小豆蔻；此外，蜂蜜酒（hydromel）和蜂蜜香料面包（pain d’épices）中也有它的身影。这些香香的小种子，自然也被香水制造业纳入了势力范围。

Véritable Extrait de Viande LIEBIG.

INDE

小豆蔻起源于马拉巴尔海岸（la côte des malabars），它被人工培植前的野生植株在那里仍然可见。

用量需谨慎

我们通常所说的“小豆蔻”，实际上指的是绿豆蔻。豆蔻也有褐色的，即“香豆蔻”（拉丁名：*Amomum subulatum* Roxb.）：它的果实更大，但味道稍显逊色，也经常被用在香料味浓郁的菜肴里。通过水蒸气对其整果或（部分）捣碎的果实进行蒸馏获得的精油，是香水制造业最喜欢的部分。这种精油的颜色从几乎无色到鲜黄色都有；萃取率相当低，在2%到8%之间。这也解释了为什么豆蔻精油的价格居高不下，香水制造业者也得精打细算着使用。当然，制作主食、利口酒、酱汁、糕点……也都用得上它。但小豆蔻的特色太明显，香水业者在用量上不敢造次，因为多大的量才算合适，实在难以拿捏。总的来说，在全世界范围内，小豆蔻精油的产量都很有限。

耳后两滴香

含有小豆蔻的香水

· 伊夫·黎雪（Yves Rocher），琥珀面纱（Voile D'Ambre，2005）

· 阿莎露，银黑（Silver Black，2005）

· 艾弗迪，隐秘之木（Bois secret，2008）

· 幽兰（Orlane），环绕虞美人（Autour du coquelicot，2009）

如今，小豆蔻主要在印度、斯里兰卡、泰国和越南种植，但危地马拉也有出产。

宝格丽男香传奇

小豆蔻的原产地盛产香辛料，比如我们熟识的胡椒和姜也来自那里。“宝格丽男士淡香水”（*Bulgari pour homme*，1995）就浓墨重彩地回顾了印度最为优雅、最“英国”的那段时光（却仍然清楚地延续了这一始于1884年的珠宝品牌与生俱来的意式优雅），但它完全不同于那些气味浓烈、承载着某种文化意味的香水。虽然没有向英国对印度的殖民历史表达任何歉意，这款香水却唤起了某些悠远的记忆，令人重新回味那段时光中的美好品位和从容低婉。

这款香水自然而然地以胡椒和小豆蔻带出辛香调，尾调则是带有淡淡麝香和龙涎香的大吉岭红茶。在这款香水营造的氛围中，我们隐隐期待着杜拉斯的情人从印度支那来访，而那里也是小豆蔻的产地。

金合欢

Acacia farnesiana Willd. – 豆科

好一朵可爱的含羞草

植物肖像

金合欢的多刺植株没有真正的树干，而是由繁多的枝杈构成，颜色呈灰色至淡红棕色。植株上长着极多硬且直的托叶针刺，两枚一组。这种落叶植物的叶片被有柔毛，羽片2对至6对，每个羽片含10对至20对小叶。枝端长有50个至60个团伞花序形成的头状花序，开花期主要在4月到6月。

金合欢（金合欢属豆科的含羞草亚科。——译注）原产于多米尼加共和国首都圣多明各；如果有人认为它的原产地是印度，那是因为这种植物被移植到了非洲、亚洲、大洋洲等各大洲，印度当然也包括在内。金合欢的拉丁名来自罗马的法尔内塞宫（Jardins Farnèse），那里从 1625 年开始就生长着最早的一批金合欢。此后，地中海沿岸各地都开始种植金合欢。在法国，这种含羞草亚科植物在 1792 年，由莱兰修道院长引进图尔（Tour）的植物园中。很快，它就在格拉斯地区得到广泛种植，用于香水制造。在普罗旺斯，金合欢有诸多学名和昵称，比如 cassier du Levant、cassier de Farnese、mimosa nain、casse、caneficier、cassilhier 等。在香水制造中主要用到两种金合欢，一种是古金合欢，或称法尔内塞金合欢（*Acacia farnesiana* Wild），该品种的特点为四季常青；另一种为罗马金合欢（*Acacia cavenia* Hook. & Arn.），其香味较淡，且产量也较少。你要知道，一棵金合欢生长六年后才开始产花，每棵树只产出 500 克至 600 克花；19 世纪末，格拉斯地区每年能出产

耳后两滴香

含有金合欢的香水

- 爱马仕，亚马逊淡香水（Amazone，1974）
- 莲娜丽姿，花之花（Fleurs de fleurs，1982）
- 斐德瑞克・马尔（Frederic Malle），金合欢之花（Une fleur de cassie，2000）
- 纪梵希（Givenchy），魅力女香（Very Irresistible，2003）

气温低至 -4℃时，金合欢就会被冻死，因为这种怕冷的特性，金合欢才在较为温暖的法国阿尔卑斯滨海省扎下根来。其收获期一般在 9 月到 11 月末。

Cueillette des Fleurs de Cassie
de la PARFUMERIE BRUNO COURT, GRASSE

一切尽在细节中

下次去欣赏喜剧歌剧《卡门》时，不妨稍微转移一下对音乐和歌唱的注意力，关注其他细节。如果导演真的好好做了功课，你就会看见，烟草女工卡门的胸衣上别着的一小束花正是金合欢。这部歌剧改编自普洛佩斯·梅里美的小说，原文中对这束花也正是这样描写的。

30吨至40吨金合欢花供蒸馏提炼：如此不难想象，在城市周围环绕着大片的金合欢面积是多么的惊人。

此物非药

人们一般只用有机溶剂萃取金合欢花朵，比如已烷和石油醚，以获得萃取率0.5%至0.7%的浸膏。浸膏当中可以再萃取出30%至36%的净油，这种净油呈半流质，具有肥皂般的质感；颜色呈深棕色，有含羞草科的典型粉香味，也混合了紫罗兰的香气。但人们刚闻到金合欢净油时，容易觉得它的香气像天然草药的芳香。所以只能仰赖调香师施展本领，把它拉回到花香调上来。在香水中，金合欢一般用在前调和中调里。

雨后阳光传奇

金合欢在香水界首度崭露头角，其实是因为雅克·娇兰的一次实验。因为这次实验，1906年香水“雨后阳光”（*Après l'Ondée*）诞生了。这款女香令我们想起祖母的粉盒，精致的怀旧风格十分高雅。这位调香师对萃取方式也进行了新的思考：比如柠檬和香柠檬的果皮、鸢尾的根茎、印度檀木等植物原料，将它们浸泡在酒精中直接萃取是否更有效？换句话说，没有经过蒸馏程序的摧残，植物的香气应该保留得更加完整。经他验证也确实如此。

黑加仑

Ribes nigrum L. – 茶藨子科

华丽转身的醋栗

对今天的我们来说，花园里的黑加仑树是一种出产果实的作物，然而在过去很长一段时间里，它拥有另一种身份：包括它那微酸的美味果实在内，整株植物都用于医药领域。在古代文献中，人们经常把它当作醋栗；准确地说，黑加仑（又名黑茶藨子、黑醋栗。——译注）就是三种最著名的醋栗之一。中世纪时，人们称之为“*poyurier d’Hespagne*”，也就是“西班牙胡椒”。黑加仑果实会被泡在酒精中，做成一种不太好喝的饮料，这实际上是一种药，当时的人们认为这是强效的滋补剂。直到19世纪，才出现了以它为原料的利口酒。到了近代，名为“基尔”（Kir）的牧师将三分之一的第戎黑加仑酒（crème de cassis）和三分之二的勃艮第白葡萄酒混合，创造出后来闻名遐迩的同名饮料：基尔酒，也因此将黑加仑的知名度推向了前所未有的高度。

植物肖像

这种落叶灌木高1米至1.5米，有时会更高。叶子边缘带齿裂，覆有少量茸毛，搓擦时有浓郁的香气。4月开出的黄绿色小花会在后来长成黑色的小浆果；这成串的果实长在前一年的枝条上，具有极易识别的香气。6月至8月为收获期。

香自萌芽出

虽然黑加仑植株的各部位都有程度不同的香气，但只有枝上的萌芽可以用于香水制造。唯一的采摘方法是将枝丫剪下来，然后耐心地用手摘拣。摘下的嫩芽会接受有机溶剂萃取，获得的浸膏萃取率比较低，只有2%到4%。之后人们能从中再次萃取出80%的净油，这种净油是深绿色的膏状物，带有非常典型的木香和动物油脂味道的浓烈香气。获得1千克的黑加仑净油需要约200小时的加工，这也能说明其价格高昂的原因。

黑加仑含有诸多挥发性成分，其中也包含“4-甲氧基-2-甲基-2-丁硫醇”，这也是猫尿中刺激性气味的来源。幸亏其含量极低，应该不会对我们造成影响。

耳后两滴香
含有黑加仑的香水

· 莫利纽克斯（Molyneux），石英（Quartz，1978）
· 让-路易 · 雪莱（Jean-Louis Scherrer），同名香水（1979）
· 格蕾，歌宝婷（Cabotine，1990）
· 纪梵希，疯狂（Insensé，1993）
· 阿玛尼，曼尼狂热男士（Armani Mania，2002）

黑加仑的果实令人食指大动，却入不了调香师的法眼。只有黑加仑树上的嫩芽对他们才有意义。

爱之鼓传奇

在拿破仑时代，为了调节军队进攻的节奏而击鼓，并不只是为了提高战斗力和鼓舞士气，它也是相隔遥远的参战各方进行沟通的手段。鼓声的每种节奏都包含了具体的意义，就像后来的军号声作用一样。法语的“battre la chamade”（砰砰击响）所描述的隆隆声代表着“撤退”。法语在描述爱情时用的也是这个词，说心脏在“怦怦作响”，就代表这个人心情激动不已，已经在崩溃的边缘；当然这里是褒义。娇兰的花果调香水“爱之鼓”（*Chamade*）是以弗朗索瓦 · 萨冈于 1965 年出版的同名小说为灵感；成分以茉莉、玫瑰、依兰为主打，配以风信子，由黑加仑芽带来的一抹果香令整体气息更为优雅。

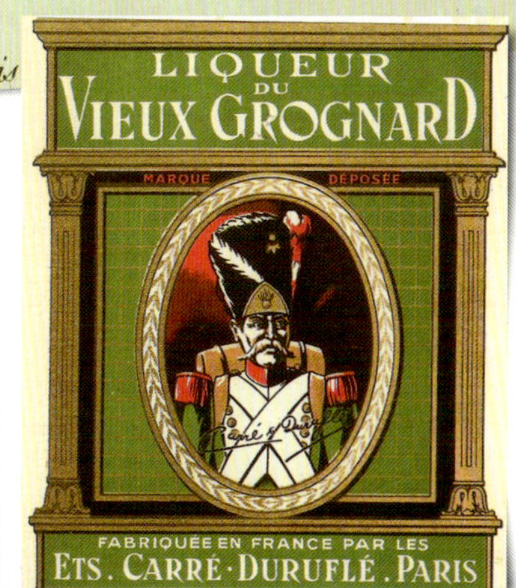

我们并不知道“老兵利口酒”（liqueur du vieux grognard）中是否含有黑加仑利口酒。但可以确定的是，绝不是这酒中散发的战场气息才令饮酒者的心“怦怦乱跳”。

成功迁移

自 19 世纪后半叶开始，黑加仑种植就在法国勃艮第地区得到大力推广，之后，这里也成为其主要产地。与此紧密相关的当然也包括那款从前被称为“味美思黑加仑酒”（vermouth-cassis），后来改称“基尔酒”的著名饮料。

但诚实地讲，把黑加仑酒和白葡萄酒混合在一起的做法，其实来源于“讷伊甜酒”（Ratafia de Neuilly）。

雪松

Cedrus alantica Manetti & *Cedrus deodara* G. Don – 松科

嘉木可入香

植物肖像

生长迅速的大树，高达25米至40米。幼年时树冠为尖形，之后逐渐变平。树枝基本水平生长。常绿叶为2厘米至4厘米长的短针状，在枝杈上簇拥成莲座叶丛。立起的雌性球果中包有翅状的种子。此树种极为长寿，据说最老的雪松约有1000岁。

不知从何时开始，雪松的木材就在建筑领域备受青睐。公元前957年，在耶路撒冷建成的第一圣殿就有关于使用黎巴嫩雪松的记录。此后数个世纪中，雪松除用于制造小家具和小物件之外，还用于航海装备制造，因为它的材质坚实不易解体。17世纪时，雪松首次出现在欧洲，种植在大型园林中用作观赏植物；19世纪时，它才出现在公共园林中。同一时期，雪松被纳入大型的植树造林项目中得到推广。在法国南部的冯度山、卢贝隆山、埃古阿勒山和比利牛斯山脉，人们都可以欣赏到茂密而壮丽的北非雪松林。

白事必备

与扁柏一样，雪松以木材不易腐烂著称，因此也一直与永生的概念联系在一起，被用来制造棺椁和防腐。从古代起，雪松的树脂和精油就有多种用途。特别是北非雪松的精油，含有一系列特殊成分，拥有缓解充血、促进愈合、防腐灭菌和抗真菌的完美疗效。雪松也因此成了所有传统药典的必备条目。在香水制造领域，人们主要用水蒸气对雪松的木屑进行萃取，但根据雪松的种类不同，方法会有区别。雪松精油是一种颜色寂深的浓

稠液体，具有典型的木香调气味。人们通过有机溶剂对雪松精油进行再次萃取，会得到颜色更深的树脂，树脂是质地较精油等更坚实的类固体物质。这些原材料可用于香水制造，也会用于卫生和清洁用品所需的所谓“实用”香料的制造。

森林中雄伟庄严，香水中雅致洗练，这就是雪松。

林之妩媚传奇

1992 年，芦丹氏（Serge Lutens）刚被任命为资生堂的艺术总监，就献出了他的第一支香水作品“林之妩媚”（*Féminité du bois*）。这支香水很快成了现代香水业的标杆式作品。因为热爱摩洛哥，这位调香大师将雪松作为这支木香调香水的中心；在那个气味普遍低调的时代，这种安排无异于平地一声惊雷。在这个木香框架下，他还缀入了玫瑰、紫罗兰和橙花的花香，以及李子、橙子和桃子的果香；而这一切又被肉桂、丁香和小豆蔻组成的香料阵营承载着。这款以雪松为基础的香水也为这位大师之后的香水提供了灵感，其中包括“棕色森林”（*Bois Sépia*）和“摩洛哥热风”（*Chergui*，二者均为芦丹氏自有品牌推出的香水。——译注）。

耳后两滴香

含有雪松的香水

· 巴宝莉（Burberry），
巴宝莉为我（Burberry for me，1995）
· 让–保罗 · 高缇耶，
女士（Madame，2008）
· 蔻依（Chloé），
蔻依女士香氛（Chloé，2008）
· 麦克斯（Mexx），
麦克斯黑色（Mexx Black，2009）

铅笔散发出的好闻气味来自雪松，在描述香水气味时也经常与铅笔如出一辙。

经典误会

我们对针叶植物有一些习惯成自然的误会。人们在聊起香水制造时最常提到的两种“雪松”，其实是两种刺柏，即弗吉尼亚刺柏（拉丁名为 *Juniperus virginiana*）和得克萨斯刺柏（拉丁名为 *Juniperus mexicana*），实际上，还有一种拉丁名为 *Cupressus funebris* 的柏木，也会被误以为是雪松。

岩蔷薇

Cistus ladaniferus L. – 半日花科

凝香成脂

在地中海地区，当我们顶着炎炎烈日走在干燥的石灰质荒地上时，会闻到一种令人避之不及的刺鼻气味，这种味道来自十几种不同类别的野生岩蔷薇。被纳入园艺范畴的岩蔷薇则拥有更多变种。每年5月至6月，这种灌木上会开出皱巴巴的花，每朵花的花期只有一天，然而它们却在不同植株上接力赛般此起彼伏地绽放。在岩蔷薇的诸多变种中，只有胶蔷树（*Cistus ladaniferus*）被用于香水制造。在夏天最热的时候，这种灌木的叶片上会覆盖一层黏液，浓稠到似乎可以滴下来；手指抚摸上去会有黏黏的感觉。可能之前忘了提及，这是地中海地区植物的一种典型特点。凝脂岩蔷薇主要生长在法国南部、葡萄牙、意大利、希腊和阿尔巴尼亚。西班牙则是全世界萃取“赖百当”（岩蔷薇的俗称）的最大产地。

抗旱利器

岩蔷薇能分泌带有独特琥珀型香气的物质，这其实是它应对干旱环境的最好适应机制。这个机制可以帮助它减少因蒸腾作用导致的水分流失。夏天来到时，大批采摘者会来收取溢满赖百当脂［法国人称为“香脂”（gomme）］的树枝。成捆的岩蔷薇树枝会先被放置干燥几天，然后浸入开水桶中。经过这种简单处理，赖百当脂就会漂浮到水面上，方便收集。因为收集的香脂吸收了水分，还要对它们进行真空低温脱水，然后用可挥发溶剂萃取出树脂，再提炼出具有香醋气味的深色浸膏，最后获得净油。

植物肖像

1米到2米高的常绿灌木。叶片呈长条或柳叶刀形，长12厘米、宽2.5厘米，深绿色，表面有黏液。白色大型单生花，中央有紫色色斑。根据品种不同，花朵的颜色从粉色到近乎红色不等。

在卫生清洁用品制造业这样的实用香料领域，经常用到所谓“定香剂”，其中包括岩蔷薇。它可以用来减少香料组成中不稳定部分的挥发，使香料混合物能保存得更长久。

“鸦片”传奇

在花香与柑橘香型统领市场数年之后，伊夫·圣·罗兰决定引领香水回归气味厚重的东方调，至此，他的想法无可厚非。这款香水瓶的初始设计配有经典风格的挤压绒球，深具19世纪贵妇沙龙气质；然而设计师本人对此不以为然，却以复制了“印笼”（inro）样式的瓶身设计取而代之，也就是日本武士使用的木质小收纳盒。用这个设计体现香水的东方气质，堪称完美，但设计的内在含义也引发了争议，原因就是“印笼”本身的用途：这个小容器是武士储藏鸦片用的，而“鸦片”正是伊夫·圣·罗兰这款新香水的名称。对品牌所在集团的所有人来说，这个概念太挑衅、太过火。所以圣·罗兰本人不得不使出浑身解数进行游说，才让这款香水最终得见天日。其商业成功一直持续到现在。所以说，离经叛道的作品也可以凭气质取胜……

耳后两滴香

含有岩蔷薇的香水

·阿莎露，阿莎露9号（Azzaro 9，1984）
·让–保罗·高缇耶，传承（Héritage，1992）
·让·巴杜，威尼斯之香（Parfum de Venise，1999）
·洛丽塔·琅碧卡（Lolita Lempicka），洛丽塔·琅碧卡之男身（Lolita Lempicka au masculin，2000）

地中海地区的石灰质荒地上常有打滚玩耍的山羊，它们的羊毛经常粘满了赖白当脂。过去，人们会使用一种特殊的大耙子梳理羊毛，将羊毛上的赖白当脂收集起来。

一点儿植物学知识

岩蔷薇可以分为三类，拉丁名分别为 *Cistus ladaniferus* var. *albiflorus* Dunal、var. *maculatus* Dunal 和 var. *stenaphylus* Grosser。这三者的精油中成分极为丰富，含有超过300种不同的分子；但其中只有十几种含量超过1%，这些分子奠定了精油的气味特征。其中包括：绿花白千层醇（viridiflorol）、降龙涎香醚（ambrox）、龙涎呋喃（copabornéol）、莰醇（bornéol）……

柠檬草

Cymbopogon citratus Stapf., *Cymbopogon flexuosus* Straf. – 禾本科

异国风情的柠檬

植物肖像

多年生草本植物，根系长出的密生叶丛高1米至2米。大型常绿叶片呈长条形，带叶鞘，边缘粗糙而锋利。叶片的淡绿色中略显淡蓝，有时略带金黄；叶梗根部内凹。整个植株各部分都散发着浓烈的柠檬香气。

无论是印度马鞭草、马达加斯加或爪哇柠檬草（别名香茅，这个中文名称也经常用在香水领域。——译注）、香味灯芯草或是柠檬青草，其实指的都是同一种植物，也就是我们通常所知道的柠檬草。调香师们总是希望能对它们在名称上加以区别，所以通常称之为“*lemon grass*”。生活在安的列斯群岛、非洲和印度等热带国家的人，会特别了解这种在路边野生的朴实植物。而那些喜欢异国风情菜肴的人会知道，很多名菜里都会用到柠檬草。人们会把它的根部剪碎，放进生食的菜肴、沙拉和肉汤，以及腌肉和鱼的混合调料当中；它虽然有柠檬的味道，但比柠檬更柔和，带有淡淡的花香。园丁一般将柠檬草种在盆中，因为它非常畏寒。

柠檬草精油，由新鲜植株或干燥叶片提炼而成。

防蚊必备

所有夏季需要防蚊的人，也就是几乎所有法国人，都知道柠檬草精油是完美的防蚊利器；这也是柠檬草作为香料的主要商业用途之一。人们经常在柠檬草的原产地对其进行直接萃取；萃取时，会将它的叶子放入大型蒸馏瓶中用直火进行纯水蒸馏，也可以在现代工业设备的装置中用水蒸气进行萃取。柠檬草的萃取率相当有限，用新鲜植株一般可以获取 0.4% 至 0.8% 的精油。这样萃取所得的液体为淡黄至橙黄色，因为采集的来源不同，精油有时会接近深棕色。柠檬草之所以具有强烈的柠檬香气，是因为它含有浓度很高的柠檬醛，以及丰富的香叶醇（géraniol）、芳樟醇（linalol）和橙花

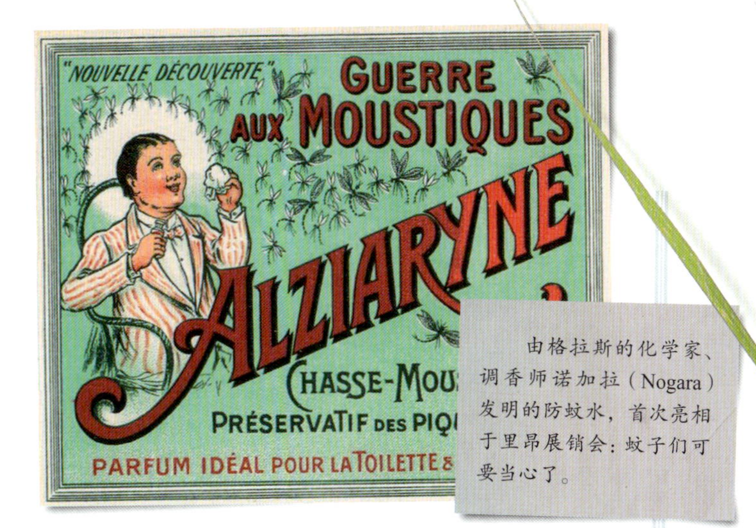

由格拉斯的化学家、调香师诺加拉（Nogara）发明的防蚊水，首次亮相于里昂展销会：蚊子们可要当心了。

醇（nerol）。柠檬草精油是一种很常见的产品，经常被用于各种工业产品；作为一种食品香料，它相当低调；所有防蚊和驱虫产品中都有它的存在；在芳香疗法中，它也是常用的一款精油。对调香师来说，在开始大量制造柠檬醛之前，或者将柠檬醛的衍生物用在香水调制中之前，柠檬草都是一种很好的替代实验品。

斋浦尔腕镯传奇

柠檬草生长在中国、马达加斯加、海地、巴西、危地马拉、越南、印度尼西亚，而在印度和斯里兰卡尤其繁盛。在后面这两个国家里，柠檬草每年收成三次。2012 年，珠宝品牌宝诗龙（Boucheron）再次推出了一款以印度拉贾斯邦首都斋浦尔（Jaïpur）为灵感的香水。这就是继斋浦尔女士香水和之后的斋浦尔男士香水斋浦尔腕镯（*Jaïpur bracelet*）。这款香水的瓶身仿佛一只形状丰润的玫瑰粉色玉镯，印证了调香师对珠宝发自肺腑的热爱。其香调混合了紫罗兰、罗勒和马鞭草的气味，并留下一抹含有铃兰、万寿菊和扁柏的琥珀香花香调，以及淡淡果香。

耳后两滴香

含有柠檬草的香水

- 娇兰，花草水语淡香水–葡萄柚（Aqua Allegoria Pamplelune，1999）
- 6 号合成（Comme des Garçons, Séries 6-Synthétic，2004）
- 雨果博斯（Hugo Boss），博斯风尚女士香水（Boss Femme，2006）
- 香邂格蕾（Roger & Gallet），雪松木悦颜香氛（Eau de Cologne Cédrat，2007）

柠檬

Citrus limon L. – 芸香科

清爽之经典

植物肖像

树高5米至6米，常绿翼叶呈尖头长卵形，花朵为单花，白中带紫。果皮较厚，果实呈长卵形，长10厘米至15厘米，两头略尖。植株各部分均有香气。

柠檬精油主要出产于加利福尼亚、阿根廷、西西里、巴西和西班牙。

就像其他所有的柑橘类果实一样，柠檬也带着一点伊甸园的仙气。想象一下，你正置身于阿拉伯人心中的天堂花园，在这个为休息和享乐而存在的花园中，只要伸伸手，就能摘到既解渴又美味的柠檬果实。在古代文献里，其实很难分辨与柠檬外形相似的描写指的是柠檬还是它的表亲，因为其中使用的表述也可以用在枸橼、苦橙或橙子上。如果再追溯到植物学和医学出现的最初时期，“citron”（柠檬）这个词有时还能在广义上代表所有产树脂的植物。不是那么容易弄清楚的！我们现在唯一能确定的是它从东方传来的路线：十字军在叙利亚和巴勒斯坦发现了当地种植的柠檬，然后将它从遥远的亚洲带回来并加以推广。12世纪时，柠檬传入了西西里，从此扎根在那里；之后便散布到整个意大利和法国南部、西班牙及其附属岛屿、加那利群岛、亚速尔群岛，以及所有那些为怕冷的柠檬提供阳光的地方。彼时，作为特选的稀罕植物，柠檬被种在城堡的橘园，受到精心呵护。此外，和其他柑橘类果实一起被带上航船甲板的柠檬，对远程航海的人来说尤其珍贵：虽然那时人们并不了解，它们富含的维生素C正是帮助航海者预防坏血病的法宝。

来檬

让我们在这儿单独提一下另一种低调且更为精致的柑橘类水果，它也被称为地中海甜柠檬或甜柠檬。出产这种水果的两个树种，彼此是近亲，它们是 *Citrus limetta* 和 *C. limettioides*。要获得来檬精油，需要对切块的果实或果皮进行冷榨。

被滥用的气味

跟薰衣草之类的香型际遇类似——柠檬的气味太受欢迎，以致遭到了卫生工业的过度消费。它代表着清新与洁净，所以它的身影几乎无所不在，让人感到审美疲劳。这真的很让人遗憾，因为如果得到巧妙运用，柠檬可以在香水中发挥神奇的作用。处理柠檬皮只需冷榨。直接压榨整个果实，就会获得果汁，果汁可以用来制造食品工业中需要的柠檬酸。柠檬的叶子和根茎经过蒸馏，能产生柠檬叶精油。如此制成的澄澈精油从明亮的黄色至淡黄绿色不等，带有新鲜柠檬的气味。被碾碎的果实也可再次经过蒸馏和蒸汽萃取，由此获得的精油气味较淡。柠檬精油在食品和药物领域极为常用；但只有在除萜（萜烯简称萜，是一系列萜类化合物的总称。它是大部分柑橘类精油的主要成分，因为易挥发且不稳定，会使某些精油不易存放。而且萜烯只能微溶于乙醇，对香水业以及香料业者而言，这是一种小小的遗憾，因为其产品最终会产生云雾状外观。所以人们会将精油中的萜烯去掉，以求产品易于溶解，更加稳定，增强气味。——译注）和除倍半萜烯（三个异戊二烯单位的聚合体，多从植物中获得，有较强的挥发香辛气味，本身不稳定。——译注）之后，它才能被用于化妆品和香水制造。

大约1200个柠檬加工后可以产生1千克精油。

巴尔曼先生传奇

这款香水诞生于1964年。它的前调因为柠檬、苦橙、香柠檬和薄荷的存在，完美地展现了柑橘类水果带来的清新感受。虽然跟很多法国品牌相比，1945年由皮埃尔·巴尔曼（Pierre Balmain）创立的同名时装品牌还稍显年轻，但它在法国时装界一样举足轻重。这款香水也获得了极大的成功。

耳后两滴香

含有柠檬的香水

- 卡尔文·克莱因（Calvin Klein），卡雷优淡香水（CK One，1995）
- 香奈儿（Chanel），魅力（Allure，1996）
- 香奈儿，白色魅力精粹男士香水（Allure homme édition blanche，2008）
- 迪奥，迪奥桀骜男士运动淡香氛（Dior homme sport，2008）
- 香邂格蕾，橘树悦颜香氛（Bois d’orange，2009）

零陵香豆

Dipteryx odorata Willd. – 豆科

芳香的种子

能结出零陵香豆的大树通常毫无规律地长在委内瑞拉或巴西的雨林中，当地的一些印第安人部落，或是本地区的村民会在原地直接采摘。近几年，零陵香豆在特立尼达岛（île de la Trinité ）上也有种植，主要用途是在可可树种植园里担当风障。

零陵香豆树因其木材的实用性，又被称为“巴西柚木”（Teck du Brézil）。它长出的果实一旦成熟，就会自己落到地上，然后被收集起来。这些果实看起来像绿色的水果，类似熟透了的大李子，但实际上是包裹着种子的荚果。从前，这些荚果放置干燥一年才能用来提炼香料。现在，人们会在其成熟时马上将种子取出来，但仍然会让种子干燥数月，因为这样才能形成用途广泛的香豆素（coumarine）。香豆素也是香水制造中需要的原料。

植物肖像

高20米到25米的热带大树，光滑的树皮呈浅灰色。全缘叶片，偶数羽状复叶互生。花冠呈二唇形的有翼花朵呈粉色至紫色，之后会长出长10厘米左右的果实，其中包裹着长3厘米、宽1厘米的皱皮黑色种子。

耳后两滴香

含有零陵香豆的香水

- 登喜路（Dunhill），银色（D，1996）
- 巴尔曼，龙涎香（Ambre gris，2008）
- 弗拉潘（Frapin），1270（2008）
- 露露·卡斯塔涅特（Lulu Castagnette），露露（Lulu，2009）

香豆素

从前，为了提取香豆素，人们需要完成一个叫“凝霜”（givrage）的步骤。将皱巴巴的黑色干豆浸入朗姆酒中，放置数日，香豆素就会形成小小的白色晶体，浮到液体表面。历史上倒是没有记载用过的朗姆酒是怎么处理的……1820年，历史上首次有了对这种溶剂身份的明确记载，从1868年起，提取过程中用到的朗姆酒就被一种合成产品取代了。

如今，当零陵香豆被放在阴凉处干燥之后，表面上会形成白色的晶体，也就是香豆素。之后，人们会用有机溶剂对香豆素进行提炼，萃取出一种树脂（萃取率达

29% 到 46%），再对树脂进行提炼，得到颜色较深的棕色净油。它的气味带着温暖的果香，令人同时联想到杏仁和香荚兰。

很久以来，用来吸和熏的香烟都会用香豆素加香；对于那些用香豆素治病的可怜孩子来说，添加蓖麻油会让这种药更易入口。如今，除了用于制造肥皂和化妆品，香豆素也经常出现在利口酒、糖果和烹调中。但似乎有新的研究表明，香豆素对心脏和肝脏都有危害，可能会诱发癌症。

名为“零陵香豆”的商品通常是三个植物品种的混合物，它们的拉丁名分别是 *Dipterix odorata*、*D. oppositifolia* 以及 *D. pteropus*。

科罗曼德传奇

如果您经常旅行，科罗曼德（Coromandel）这个名字可能会令您想到巴西的一个城市，抑或新西兰北部的半岛。你也可能会想到孟加拉湾的科罗曼德海岸；这里濒临印度洋，是印度的一部分。17 世纪至 18 世纪，就在这里，人们将中国的生漆从平底帆船上卸下来，装进印度公司的巨船。这就是英国人为这种漆起名“科罗曼德漆”的原因，而这种漆的美丽精致很难被超越。

科罗曼德漆经常用于漆小家具、展示橱，那种动辄 3 米高的 12 扇巨型屏风上也经常会用到它。在欧洲，人们用这种屏风隔断大开间，或者将它逐扇拆开用作装饰板。设计师可可·香奈儿本人非常喜欢科罗曼德漆，她的品牌的调香师贾克·波巨（Jacques Polge）和克里斯托弗·谢爵克（Christopher Sheldrake）为了向她致敬，则献出了一款以这种漆命名的香水作品（香奈儿此款香水的中文名为“东方屏风”。——译注）。

从前，香豆素被用来治疗百日咳。

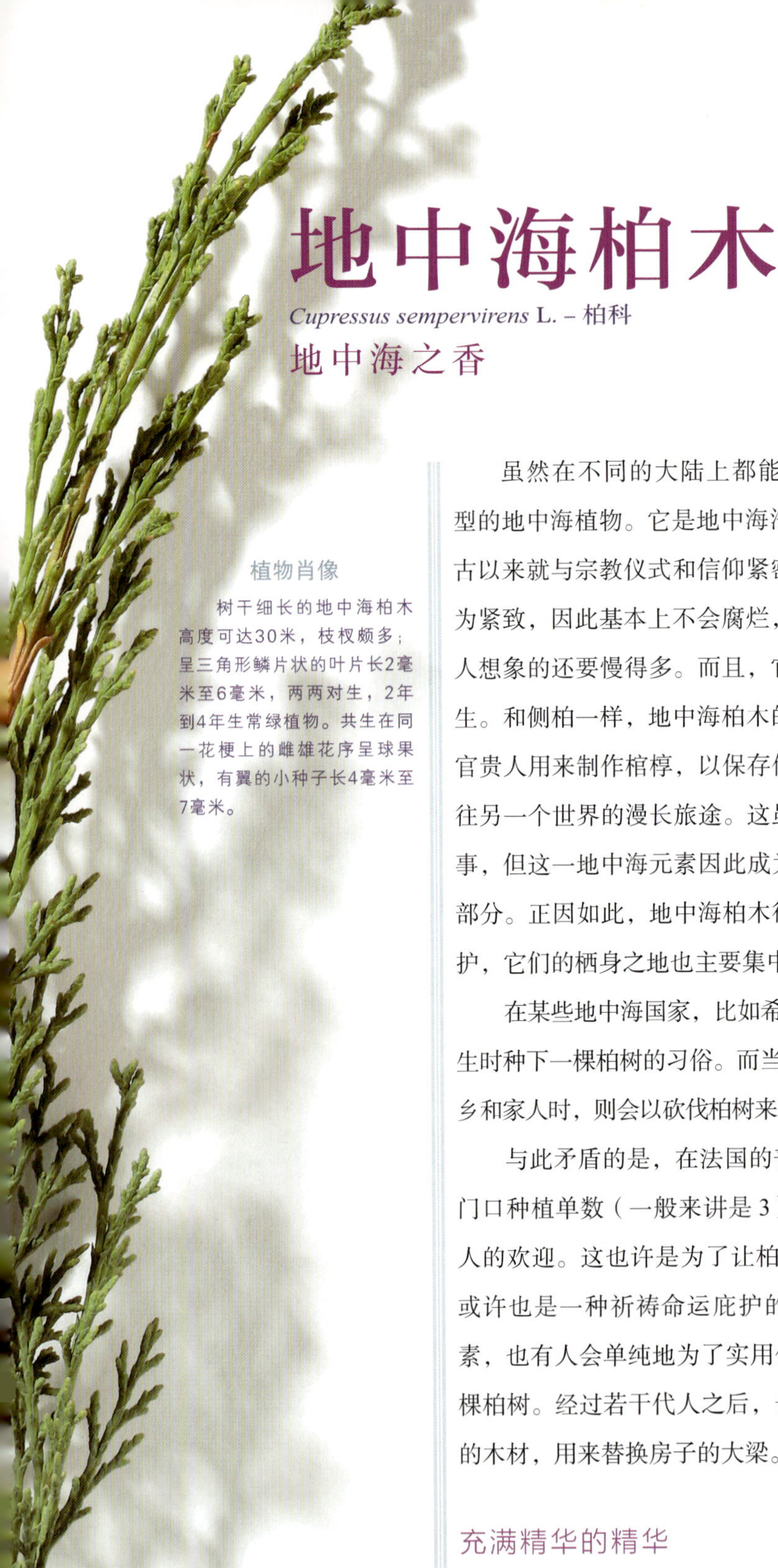

地中海柏木

Cupressus sempervirens L. – 柏科

地中海之香

植物肖像

树干细长的地中海柏木高度可达30米，枝杈颇多；呈三角形鳞片状的叶片长2毫米至6毫米，两两对生，2年到4年生常绿植物。共生在同一花梗上的雌雄花序呈球果状，有翼的小种子长4毫米至7毫米。

虽然在不同的大陆上都能生长，这种柏木却是典型的地中海植物。它是地中海沿岸风景的组成部分，自古以来就与宗教仪式和信仰紧密相连。它的木头纹理极为紧致，因此基本上不会腐烂，至少腐烂的速度比古代人想象的还要慢得多。而且，它的名字总让人联想到永生。和侧柏一样，地中海柏木的木头也经常被古代的达官贵人用来制作棺椁，以保存他们的尸体，陪伴他们去往另一个世界的漫长旅途。这虽然不是什么令人开心的事，但这一地中海元素因此成为丧葬仪式中不可或缺的部分。正因如此，地中海柏木得到了大量种植和悉心维护，它们的栖身之地也主要集中在墓地及其周边。

在某些地中海国家，比如希腊和土耳其，有在女儿出生时种下一棵柏树的习俗。而当女儿长大出嫁，要离开家乡和家人时，则会以砍伐柏树来表示哀怜。

与此矛盾的是，在法国的普罗旺斯，人们习惯在家门口种植单数（一般来讲是3）棵的柏树，以表示对客人的欢迎。这也许是为了让柏树的形象显得更高大吧，或许也是一种祈祷命运庇护的方式。抛开这些传统因素，也有人会单纯地为了实用价值，在盖新房时种上一棵柏树。经过若干代人之后，长成的柏树可以提供笔直的木材，用来替换房子的大梁。

充满精华的精华

每4年至5年，在柏树长得足够繁茂之后，人们会将它的枝杈砍下来提炼精油。通过水蒸气提炼的精油颜色微黄，0.5% 至 1.2% 的萃取率算是相当低，这也让柏树精油十分珍贵。另外，从树枝上砍下来的细枝经过石油醚提炼，可以制成浸膏，其萃取率为 1.8% 至 2%；从中可再获得 78% 的净油。

柏树富含 α-蒎烯、柠檬烯、柏木脑、α-柏木烯和 3- 蒈烯，这些成分赋予柏树精油深邃而持久的木香，以及含樟脑味的清香。这个香调决定了它的主要客户是男性。

尼诺·切瑞蒂接管了他父亲于 1881 年在意大利皮埃蒙特大区建立的纺织工厂，并开始进军男装成衣市场。他为香水选取的名字也是一种致敬。

1881 传奇

2005 年，意大利时装品牌切瑞蒂（Cerruti）推出了魅力经久不衰的一款香水，它是对意大利，特别是托斯卡纳地区的深情礼赞，令人联想到意大利人特别擅长营造美好的生活艺术。不管怎么说吧，它超越了一款香水的调制，让人像渴望佳肴一样探讨它的制作方式。除了存在感极强的托斯卡纳柏树，香水中释放气味的成分还包含西西里的橘子、桑娇维塞（Sangiovese）品种的葡萄、克莱齐奥洛（Corregiolo）品种的橄榄和佛罗伦萨的鸢尾。最后，还加入了一点葡萄籽油，令香水更加柔和。

生长在墨西哥瓦哈卡州（Oaxaca）的柏树，也就是蒙特祖玛（Moctezuma）柏树，是英国植物学家亚当森（Adamson）观察到的最高的大树。它是柏树的近表亲，实际上属于另一个种类，也就是拉丁名为 *Taxodium mucronatum* 的植物（墨西哥水杉）中的一种。它的木材经常被用来制作香水瓶。这一棵树能做成多少个香水瓶啊！

耳后两滴香

含有地中海柏木的香水

· 切瑞蒂，夏日之木
（1881 Eaud'été，2004）
· 切瑞蒂，馥郁男香
（1881 Intense pour homme，2008）
· 汤姆·福特（Tom Ford），醇意丝柏
（Italian Cypress，2009）。

乳香

Boswellia carterii Bird., *B. frereana* Bird., – 橄榄科

一棵流泪如金的树

植物肖像

树高2米到8米不等，枝杈较茂密。互生叶片密集于树枝顶端，成一小丛，叶片表面覆有一层薄薄的茸毛。简单的五瓣小花呈微微泛黄的白色，攒成小小的串状花序。树皮偶尔自行脱落。果实为1厘米长的蒴果。

从古时候起，乳香就是货真价实的财富象征。即便到了今天，阿曼苏丹国还有一些幸运儿，坐拥数代相传的乳香木，其价值仍不可小觑。出产乳香的植物名为 *Boswellia*，这种小树原产于埃塞俄比亚、也门、索马里和阿曼，生长在干燥的沙漠环境中。一棵乳香木需要十几年才成熟，长成之后却可以供几代人开采。开采时，人们会在树干上切开长长的口子揭开树皮，然后将这一片的树皮切除，让乳白色的汁液不受阻碍地流淌出来。这种汁液接触到空气就会变硬，之后，再等待两周到三周，人们才会收割。人们习惯于在秋天采集乳香，因为在秋天切割能获得质量更好的乳香。这个时期获得的是“白乳香”，与冬天切割、风干，春天收获的“红乳香”形成对比。不同乳香的差别也跟乳香木的品种有关。对香水制造来说，最受欢迎的乳香树脂来自 *Boswellia carterii* 和 *B. frereana* 这两个品种。前者出产的树脂颜色从白色（质量最佳）到红色都有，后者的乳香颜色则由透明黄色到橙色不等。

耳后两滴香
含有乳香的香水

· 爱马仕，驿马车（Calèche，1961）
· 都凌（Dorin），巴黎风情（Un air de Paris，2004）
· 娇兰，艺术沙龙香水-亚美尼亚木香（Bois d’Arménie，2006）
· 弗拉潘，花之神采（Esprit de fleurs，2008）
· 都凌，阿拉伯风情之琥珀（Un air d’Arabie，Ambre，2009）
（Un air d’Arabie 为一个系列，包括四款香水，Ambre 为其中一款。——译注）

乳香将乘青烟去

乳香的历史一直与各种宗教的历史紧密交织在一起。在各个古代文明中，那些可以燃烧的香料都被认为是上品，因为它们的香烟袅袅飘升，仿佛能达成与天上神灵最直接、最迅速的联系；存在于渺渺天界的神仙更是所有神灵中最为宽厚与仁慈的。因此古人认为乳香的价值更高于黄金。而在《圣经》中，乳香是东方三博士为耶稣降生带来的礼物之一。宗教从不掩饰对乳香的喜爱，数个世纪以来，它也一直为教堂的礼拜仪式所用。法语“encens”一词就脱胎于拉丁文的“*incensum*”，意思是“用来燃烧以献祭的材料”。

用于香水

乳香树脂燃烧时，会散发出极易辨识的香味。但对香水制造者来说，它身上只有精油有用。人们一般会用蒸汽提炼乳香精油，萃取率达 10% 之多，这样获得的精油一般是无色至澄黄色的液体。不难想象，乳香主要用于琥珀调、粉香味的香水调制中，无论哪款香水，只要有乳香，就都带有明显的东方气息。使用石油醚或乙醇萃取乳香，可以获得黄棕色至红棕色的蜡状树脂，质地坚硬；它一般用作定香剂，延长香水制剂的使用寿命。

这一颗一颗“泪珠”的累加，让乳香现在在全世界的产量也达到了每年约 2000 吨，其中一部分来自也门。这个国家被希腊人称为“幸运的阿拉伯”，因为当地人在山上采用了一种智能的灌溉系统，让乳香得以常保湿润。

宗喀传奇

不用查你的“不丹语–法语词典”，相信我就没有错：我会告诉你，“宗喀”（*Dzongkha*）这个词指的是中国西藏地区的一种方言，也被不丹国用作官方语言。以下说法不含任何冒犯的意味：这款香水——“下士之水”可以称得上一个嗅觉的大“集市”。这不是因为它的味道有多混杂，而是因为它的内容十分丰富，让人不知如何嗅闻才好。其中的乳香气味十分鲜明，与玫瑰搭配也清晰可辨，香辛料族群中的小豆蔻赫然在列，还有鸢尾、雪松和香根草，同时还混搭了皮革和麝香动物性油脂的温暖香气。说到这款香水，我也想借机向“阿蒂仙之香”品牌表示敬意，因为我本人就是该品牌的忠实用户。[请给我来一打“下士之水”（*Eau du caporal*），谢谢！][“下士之水”是“阿蒂仙之香”品牌 1985 年推出的香水。——译注]

乳香在西方语言里也被称为“oliban”或“olibanum”。

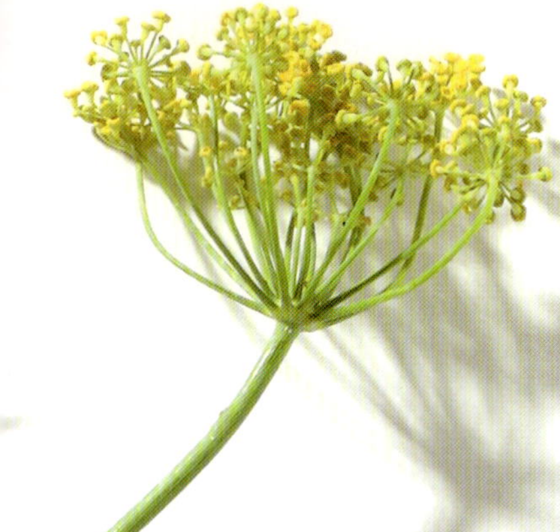

茴香

Foeniculum vulgare Mill. – 伞形科

以茴芹之名

植物肖像

两年生草本植物，植株高可达2米。第一年会生出叶片边缘精细的茂密矮丛；第二年则会耸起一个较高的花丛，花丛是由绿黄色小花组成的伞状花序。之后长出的果实为瘦果[瘦果（achene）指小型、干燥、果皮坚硬、不开裂的果实，内有一粒种子，是闭果的一种。——译注]。植株的各个部分都有浓郁的香气。

茴香原产自地中海地区，在这里，路边桥头、荒地田野，茴香几乎随处可见。但实际上只要在比较温和的气候条件下，它基本上都可以无忧无虑地生长。中世纪时，因为迷信，尚未开蒙的人把它当成一种有神力的植物来使用：比如，他们认为把几粒茴香的种子放到锁眼里，就能有效地挡住鬼怪侵入房间；在门上挂几根茴香枝，就能驱走邪气，同时保护家畜。在漫长的宗教仪式上，人们习惯在兜里装上些茴香根，好时不时地拿出来咬几口，因为它不仅可以稍微充饥，还可以保持口气清新。如今，因为茴香有促进消化的功能，我们经常用它来泡茶，以缓解痉挛和胃疼，或防止形成肠道胀气。古希腊人曾鼓吹茴香有促进乳汁分泌和改善视力的作用，不过如今这些说法基本都是过去式了。

从荒野到香水制造

茴香所具有的浓郁八角香气，成功地引起了调香师们的注意。这种具有存在感但又雅致的气味，本身就是难得的天赋。在香水制造中使用的茴香是一个特定的品种，即 *F. vulgare var. amara*，主要种植在葡萄牙、西班牙、法国南部，另外在罗马尼亚、

每年9月29日是纪念圣人米歇尔（Saint-Michel）的日子。按照主教们曾经说的，这一天采摘的茴香能完好保留它所有的香味，并且在保存过程中免于虫害。

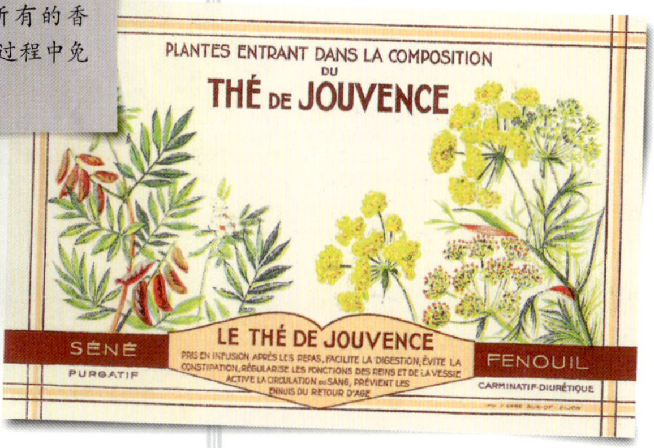
PLANTES ENTRANT DANS LA COMPOSITION
DU
THÉ DE JOUVENCE
SÉNÉ
PURGATIF
LE THÉ DE JOUVENCE
PRIS EN INFUSION APRÈS LES REPAS, FACILITE LA DIGESTION, ÉVITE LA CONSTIPATION, RÉGULARISE LES FONCTIONS DES REINS ET DE LA VESSIE
ACTIVE LA CIRCULATION DU SANG, PRÉVIENT LES ENNUIS DU RETOUR D'ÂGE
FENOUIL
CARMINATIF DIURÉTIQUE

印度、摩洛哥、埃及和中国也有种植。如同前文所讲，茴香基本上在全世界都可以生长。茴香的果实完全成熟后会自己脱离植株，这时就可以进行采集。采集到的果实和外壳会一起供提炼精油用，用水蒸气萃取它们，就能得到精油，2.5% 至 6% 的萃取率还算不错。清澈透明的精油呈现出美丽的、微绿的淡黄色。茴香气味十分浓郁，这种带樟脑味的浓烈香辛调料味大家一定都非常熟悉。使用分馏法对精油进行加工，可以得到反式茴香脑，这是对香水制造最有意义的成分。

茴香的果实（通常被误称为茴香的种子）可以通过有机溶剂来处理，这样可以获得同样有用的树脂。

这种植物在古代就已经被人们认识，并用来入药和烹饪；后来人们将它纳入园艺，进行品种改良，培育出球状茴香，也就是现在名为“佛罗伦萨茴香”或“普罗旺斯茴香”的植物。这是我们最好的蔬菜之一。

阿莎露男香传奇

与很多老牌时装屋相比，“阿莎露”这个名字还比较年轻：这个品牌诞生于 1965 年，开始只是一个制作配饰和珠宝的小工坊。后来它开始转型制作女装，进而开始进行高级定制，并在 20 世纪 70 年代受到许多当红明星的青睐。1975 年，该品牌才开始进军香水领域，推出了第一款香水“阿莎露时装”（*Azzaro Couture*）。为了平衡或完善品牌形象，1978 年，它又推出了“阿莎露男士香水”（*Azzaro pour homme*），这款香水立刻取得了巨大成功，至今仍为人们津津乐道。之后，公司又将它更名为“阿莎露之水男士香水”（*L'Eau d'Azzaro pour homme*）再次推出。在这款香水中，檀木、广藿香和小豆蔻挑起了木香和香辛调的大梁，而调配则维持了上述基调与茴香、八角，以及不同品种的薰衣草之间的平衡。此刻我只想说，这看起来容易，然而……

耳后两滴香

含有茴香的香水

- 艾绰（Etro），安妮斯（Anice，2004）
- 217 号公寓（L' Appartement 217），217（2006）
- 川久保玲（comme des garçons），阿泰克标准（Artek Standard，2009）
- 莫杰（Marc Jacobs），砰砰（Bang Bang，2011）

愈创木

Gaiacum officinale L. - 蒺藜科

硬度之王

植物肖像

生长十分缓慢的常绿叶灌木，最高可以长到十几米，浅灰色的树皮厚而光滑。花开时，蓝色的花朵成簇生长，之后结出的黄色荚果里长有坚硬的大粒黄色种子。

愈创木为名声所累，变得太过抢手，过度开采已经使其遭到灭绝的威胁。因此，像许多其他遇到这类问题的物种一样，愈创木也被列入华盛顿公约（1973年签署于美国华盛顿，对野生物种的国际贸易进行管制而非完全禁止。该公约管制国际贸易物种，可归类为三项附录。——译注）的附录加以保护。

愈创木源自南美和安的列斯群岛，这些地方至今还是它的主要种植区，或者说是主要产地。它的植物学名称来自海地语 *guayacan*，意思是“圣木”。16世纪，“征服者”（conquistador，西班牙语，尤指16世纪侵占墨西哥、秘鲁等的西班牙殖民者。——译注）将性病传播给当地的印第安人，其中梅毒的影响最为恶劣，愈创木因为治愈了这些疾病而被称为“生命之树”。1519年，德国骑士乌尔里希·冯·胡腾（Ulrich von Hutten）声称用愈创木治好了性病患者；方法是让他们用愈创木煮水泡浴40天，令他们大量出汗，并同时进行严格的禁食。奥维耶多[Gonzalo Fernández de Oviedo y Valdés（1478—1557），西班牙史学家和作家。虽然姓Fernández，但一般简称Oviedo。他参加了西班牙对加勒比海地区的殖民过程，并据此写成长篇编年史。——译注]的编年史中也曾记载，加勒比地区的印第安人能用愈创木轻易治好性病。愈创木在欧洲也得到了追捧，但后来人们才发现其治疗效果实际上十分不理想。无论如何，愈创木的名声已经太响，之后人们还是沿用了很久，也试图用它治疗结核病。直到20世纪30年代，人们才彻底放弃愈创木疗法。自1884年起，法国药典就明确记载，愈创木的油、酊剂、树脂都非常有用。将愈创木的木屑煎水熬得的汤剂可以作为局部麻醉药，用以缓解关节风湿病、牙疼和唇部疱疹。愈创木最为惊人的地方是它高达1.3克/立方厘米的密度，这使得它几乎达到不朽的程度，可以归入“铁木”系列。它也因此被用来制作那些必须耐用英国人也在草地上玩同样的滚球游戏，英语里称为“*bowling green*”。该运动是英国和整个英联邦的一项传统运动。

的东西，比如滑轮、船的螺旋桨、车轴、捣具，以及珠宝制造行业使用的车床部件。

什么味儿?！

将愈创木树干和树枝的木头刨屑锯碎，然后用蒸汽提炼精油：这个过程至少需要24小时，萃取率为5%到6%。这种精油是一种极黏稠的液体，颜色微白泛黄，呈半结晶状态，浓郁的木香气味混合了玫瑰的味道以及焦臭味——也就是烧焦的气味。词典上关于这个词的描述是，一种难闻的刺鼻气味，是将某些有机物投入明火中燃烧后释放出来的。

因为这样一种特性，我们可以想象，在香水调配中使用愈创木的确得格外小心。它的精油主要是在中调里作为定香剂使用。因为萃取率不低，它的价格也比较平易，所以愈创木精油也经常用在肥皂和化妆品的加香中，此外，它还可以作为抗氧化剂在很多食品中使用。

北边的球不那么圆

法国北部的一种球类游戏，用的是仿佛从两头向中间压扁的奇怪的“球”，玩家需要把它扔出去以尽量靠近场地尽头放置的标的。这种被称为“Bourle”的球，就是用愈创木制造的。

“π”之传奇

这款香水以罗勒、迷迭香、龙蒿、橙花和橘子构成的迷人香气，稳稳地落在由愈创木带来的木香和琥珀基调上。我们可以简单地说：真香啊。但这样的评价也未免太过简单，而忽视了藏在香水背后的调香师的努力，以及他们那无尽的想象力、诗意和飞扬的激情。这些要素正是我们热爱艺术家的原因。

纪梵希在1998年推出的这款香水，充分说明科学可以在过去和未来之间架起桥梁。这款香水以数学符号“π”来命名，这个符号暗藏神秘色彩，它所代表的平衡与完美，被多少个世纪以来的建筑家们反复使用。有什么数字能比它更美好呢？有谁能像它一样，小数点后数字的无限延长，能引发无尽的思考呢？

耳后两滴香

含有愈创木的香水

· 卡地亚（Cartier），龙之吻（Le Baiser du dragon，2003）
· 娇兰，娇兰男士香水（L'Eau de Guerlain homme，2009）
· 迪奥，琥珀幽夜（Ambre nuit，2009）
· 祖·玛珑（Jo Malone），琥珀与广藿香（Amber et Patchouli，2010）

古蓬香胶

Ferula galbaniflua Boissier & Buhse, *F. rubicaulis* Boissier, *F. ceratophylla* Regel & Schmalh. – 伞形科

调香师们的阿魏

植物肖像

约1米高、1米宽的多年生植物，狭长的叶片边缘形状细致，叶柄十分光滑。强大的直根系能深入土地。夏天时，黄色的小花聚集成伞状花序，散发出强烈的气味，由蜜蜂授粉而长成同样密集的瘦果型果实。

古蓬香胶，又名阿魏（férule），自古以来就因为可以入药入馔而闻名。源自伊朗和中国新疆的阿魏，其实更常被称为阿魏胶（*Ferula assa-foetida*），而这个名字背后还隐藏着一个包含更多变种的小家族。在香水制造中，最常用的是本篇标题中提到的三个品种。

从遥远的古代开始，古蓬香胶就经常用于治疗呼吸道问题、降血压、避孕、镇定神经、减轻风湿病，以及治疗很多其他的疾病。后来，人们发现其疗效并不明显，但仍用它陪伴亡者一程：在古埃及，古蓬香胶是与葬礼关系最密切的植物之一，它的精油也是只有权贵们才可以使用的九种精油之一。

如今已经没有人再将古蓬香胶当作外用治疗的入药植物，但在亚洲和中东，人们还会将它用在烹饪中：印度人和中东人会将其香脂调入酱汁和热菜中。

古蓬香胶树和古蓬香胶

在常用语中，“古蓬香胶”这个词既指植物本身，也指代从它身上提取的树脂。其直根长得很像一个多须的长形甜菜，人们提取树脂时可以在上面进行切割，或将它整个切片。获得的树脂一般分两种：一种是波斯树脂，也叫硬古蓬香胶，是质地较硬的树脂滴，颜色从白色到淡黄色不等，每粒分开或是粘

古蓬香胶树还有一个名字，即 *Ferula gummosa* Boiss。

在一起；另一种是软古蓬香胶，状态软黏，一般都粘在一起并掺杂了植物的碎屑，颜色从淡黄色到淡红色不等，拥有浓郁的木香型树脂香气。香水制造中需要的是第二种。伊朗德黑兰北部辽阔的厄尔布尔士山脉（Elbourz）基本上是其唯一产地。人们一般在夏天时对软古蓬香胶进行切割，然后像对待其他出产树脂香胶的植物一样，等上两周左右的时间，再收取已经自然风干的树脂。收获的同时再对植株进行新的切割，以便 15 天后再次收获。

对这些软膏质地的树脂进行蒸馏后，会得到一款透明精油，24% 的萃取率已经相当不错。再用有机溶剂对精油进行萃取，可获得琥珀色的树脂，其浓郁的香脂气味中带有鲜明的动物气息。古蓬香胶树出产的这两种产品都会用在东方调的浓郁香氛中——这也再合适不过了。

耳后两滴香

含有古蓬香胶的香水

- 香奈儿，19 号（No.19，1970）
- 巴尔曼，象牙（Ivoire，1979）
- 纪梵希，伊莎提斯（Ysatis，1984）
- 希思黎（Sisley），夜幽情怀（L'Eau du soir，1990）

绿风传奇

如果想要了解调香师们和这种职业的伟大所在，这个段落里就有一个很好的佐证。古蓬香胶本身好像没有什么优点，即便提炼之后气味也非常刺鼻；这种很有存在感的清香带有泥土的气息和黏性树脂的特性，而这种含硫的气味一般会让人联想到大蒜、洋葱等葱蒜类植物。就是这样的气味，竟然会衍生出“绿风”（*Vent vert*）这样的香水！这款 1945 年推出的香水来自巴尔曼，调香师为杰曼妮·赛尼尔（Germaine Cellier）。这款香水将植物原本的气味完全转向了花香调，铺展出丁香花、铃兰和风信子的气息。那这个由脂香到花香的神秘转变到底是怎么实现的呢——要知道，古蓬香胶的地位在这款香水中其实特别突出，含量有 8% 之多！

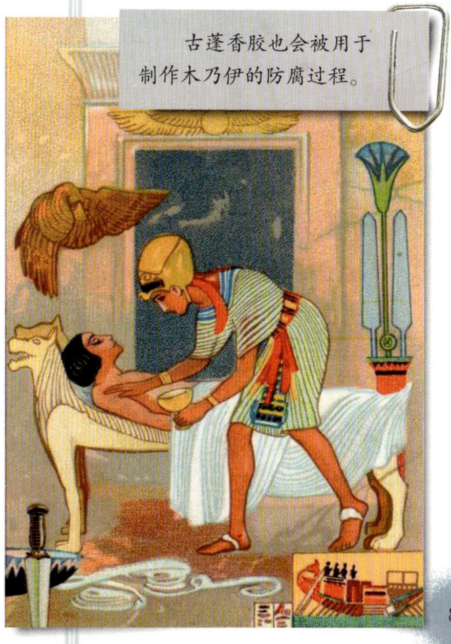

古蓬香胶也会被用于制作木乃伊的防腐过程。

玫瑰天竺葵

Pelargonium graveolens L' Hér. - 牻牛儿苗科

瓶中精灵

玫瑰天竺葵的叶子上覆盖着腺状茸毛，其中含有的芳香精华是调香师的心头之好。天竺葵这一类里包含了数百个变种和杂交品种，这个生物多样化的大类和当初原产于南非的那个天竺葵已经相去甚远。而玫瑰天竺葵闻起来就像……玫瑰。

玫瑰天竺葵在西班牙、摩洛哥、意大利都有种植，更远的种植区还有埃及、以色列甚至中国。1870年左右，玫瑰天竺葵被引进留尼汪岛，主要种植在北部的小法国（la Petite France）地区。经过自然选择，最后演变成一个被称为“波旁天竺葵”（géranium Bourbon）的变种，至今依然存在。

除玫瑰天竺葵外，还有很多其他有香味的天竺葵，但它们基本上只属于园艺从业者和收藏家们的私人领地。比如，以能驱蚊著称的柠檬和橙子天竺葵，还有薄荷、松树、胡萝卜、桉树、雪松、杏子天竺葵等等。通过杂交和人工选择，人们还可以获得用手指轻轻摩擦叶子就能散发出巧克力或是椰子香味的天竺葵……

植物肖像

木质根、常绿叶的多年生多枝植物，高度可达约1.2米。分叶型叶片及叶柄覆有密密的茸毛。视天气不同，开花期可以从春天一直延续到秋天，攒成簇的粉色小花中有两瓣带有紫色条纹。之后会长出形似鹤嘴的长条形果实，这也是植物名字的由来（*geranos*即希腊语的“鸟嘴”）。

玫瑰天竺葵的精油也有药用价值。做汤剂时可以治疗咽喉疼痛，其助愈合功效则被用来治疗皮肤真菌。

小气的植物

在香水制造业，蒸馏提炼一向以高冷矜持著称，而提炼天竺葵精华就是此种方法的一个经典范例。蒸汽蒸馏之后获得的天竺葵精油质地澄澈，浓郁的香气中带有典型的玫瑰气息，颜色介于琥珀黄色和黄绿色之间。它的萃取率只有0.15%至0.3%。用有机溶剂萃取净油的结果同样“吝啬”，萃取率只有0.2%。不过这样获得的浸膏较为“大方”，能再提炼出 60% 到 70% 的净油，质地极为黏稠。天竺葵精油一般用来为食品增香，也大量用于工业除垢产品和卫生清洁用品中，如肥皂等。当然，人们也会用它调配香水，特别是那些以玫瑰气味为主打的香水。

耳后两滴香

含有天竺葵的香水

- 帕高·拉巴纳，卡朗特（Calandre,1969）
- 温加罗（Ungaro），温加罗男士香水（Ungaro pour H，1991）
- 爱马仕，福保大道 24 号精致香水（24 Faubourg eau délicate，2003）

科诺诗传奇

1977 年，伊夫·圣·罗兰推出了一款让人大跌眼镜的香水——科诺诗男士香水（*Kouros*）。其中由天竺葵、薰衣草和香柠檬交织而成的花香令人想起清洁后的织物那简单而美好的香气，然而由芫荽、丁香和肉桂构成的辛香调恰恰与之相反，给人留下的印象却是猛兽般的狂野与粗放。这款香水的背景故事颇为精彩。据说，调配这款香水的初衷是要呈现欢爱之后床单的余味。但我们无从得知，床上是两个男人还是一男一女（已经排除了事情发生在两个女人之间的可能性）。然而我们可以确定的是，kouros 指的是在公元前 650 年到公元前 500 年，古希腊雕塑艺术中的年轻男子雕像。

玫瑰天竺葵的干燥的叶子可以用在制作“百花香”（pot-pourri，指放在罐内的干燥花瓣和香料混合物，能散发香味。——译注）的混合物中，新鲜的玫瑰天竺葵则可以用在化妆品中。

Geranium还是Pelargonium

这两种植物的亲缘很近，但经常因为园艺领域常用语的混乱而造成混淆。

被称为 geranium 的各种植物一般都是野生，但观赏类园艺中确实也有几个它的蔓生变种。至于园丁们栽培的所谓 geranium，其实都是名为 pelargonium 的植物，它们又被分为三大类：

马蹄纹天竺葵，拉丁名 *Pelargonium zonale*；

盾叶天竺葵，拉丁名 *Pelargonium peltatum*；

最后是大花天竺葵，又分为三类，即 *Pelargonium grandiflorum*（大花天竺葵）、*P.regale*（帝王天竺葵）和 *P.domesticum*（家天竺葵）。

好了，现在下课，大家可以各忙各的了。

姜

Zingiber officinale Roscoe – 姜科

香料之后

姜的香气和味道都带有胡椒的辛辣感，这是因为姜辣素（gingerol）和姜烯酚（shogaol）的存在。

人们习惯称姜为“香料之后”：至少在亚洲的芳香世界里，这个地位是确定无疑的。它是人类历史上使用最为悠久的香料之一，在中国和印度有超过三千年的历史。在古代地中海地区，姜也是最早经过埃及和希腊从东方引进的香料之一，之后它就开始在丰富多彩的罗马烹饪中大显身手了。在各个古代文明中，姜都有多种医疗用途。在法国，一直到 18 世纪，姜都因为它兼具果香和辛辣的美妙滋味，大量用于烹饪美味佳肴。后来，胡椒慢慢取代了姜的位置，姜就用得越来越少了。

不知从什么时候开始，这种植物就因为热辣的天性被用作刺激情欲的灵药。如今，姜依然被推荐用作催情剂，来治疗性能力低下。而它另一个为达成肉体欢爱而出力的方式，则是在前期你来我往的暧昧阶段，扮演推波助澜的角色。所以人们把姜用在香水调配中也就不奇怪了。

热辣的甜美风味

姜主要通过根系进行自然繁殖，人工种植也会重点加强这一特性。人们一般每年收割一次姜的根茎，因为主要就是这个部分被用在香水制造中。更确切地说，要用的是姜在地下部分的根茎表皮，这层皮富含活性气味因子，可以用于制作香水。收割后的姜经过冲刷和清洗，去掉细碎的根须，再浸入水中，方便去皮；最后要再经过两周到三周的干燥。新鲜的根茎可制出约 10% 的干货，再经过粉化、干燥和过筛，这样得到的粉末经隔

植物肖像

高0.9米到1.2米的热带草本植物，根系发达。常绿叶为线状披针形，叶片颜色鲜绿。攒成穗状的花朵颜色为白色或黄色，缀以红色斑点，带有黄色苞片。花谢后，会在有鳞片的茎顶端结出三瓣形蒴果，其中包有黑色的种子。

中世纪时，阿拉伯商人把姜引入欧洲。

耳后两滴香

含有姜的香水

- 资生堂，林之妩媚（Féminité du bois，1992）
- 雅诗兰黛（Estée Lauder），欢沁男士香水（Pleasure for Men，1998）
- 香邂格蕾，姜花悦颜香氛（Eau de gingembre，2003）
- 爱马仕，印度花园淡香水（Un jardin après la mousson，2008）

水蒸馏或浸泡蒸馏后，可得到颜色从淡黄到褐色的精油，萃取率为1.5%到3%。姜粉也可以用有机溶剂萃取，之后会获得一种极为黏稠的半固体胶质，气味和味道都十分典型。姜的精油用起来的确需要调香师相当心灵手巧，因为它的香气虽然很妙，但其中带着胡椒热度的辛辣气息也从来都如影随形。

一千零一夜传奇

1921年初现“一千零一夜”的创意时，娇兰这个品牌早已奠定了自己的江湖地位；毕竟，皮埃尔－弗朗索瓦－帕斯卡·娇兰（Pierre-François-Pascal Guerlain）在1828年就已经创立了这一品牌。这款已成为传奇的香水名字是梵文，意为“爱的家园”，是对一个东方传奇故事的致敬。这个故事早已众所周知：印度莫卧儿王朝的君主沙·贾汗（Shah Jahan）深切地爱恋他的妻子穆塔兹·马哈尔（Muntaz Mahal）；为了使这无尽的爱恋永垂不朽，他为妻子在今日的巴基斯坦境内建造了沙利马尔花园（Jardins de Shalimar）。如今，这片花园与拉合尔古堡（Fort de Lahore）一起被列入世界遗产名录。一个印度土邦主在去巴黎访问时，把这个故事讲给了雷蒙·娇兰（Raymond Guerlain）听。在那个时代，所有人都沉浸在对东方和装饰艺术的狂热迷恋中，而1925年举行的巴黎博览会更将这款香水推上了顶峰。恐怕没有比这更让人梦寐以求的营销机会了。“一千零一夜”这款香水也就此跻身法国文化宝藏的荣誉殿堂。

丁香

Syzygium aromaticum Merr. & Perry - 桃金娘科

调香师的神来之笔

植物肖像

中等高度的树身，一般高10米至12米，有时会更高。常绿叶组成的叶丛呈圆锥状，叶子本身为卵形，质地坚韧，表面光亮。每朵四瓣的花冠，白中略带浅粉，被红色的花萼托起，不等到开花，花苞就会被采集并干燥处理：这就是我们熟悉的香料“丁香”。

耳后两滴香
含有丁香的香水

- 香水故史（Histories de parfums），1969（2006）
- 香水故史，1804（2008）
- 弗拉潘，1697（2011）
- 法国花园（Jardin de France），绝对达默纳（Absolue Damona，2012）

在遥远的古代，丁香［此处的丁香与观赏花丁香（木樨科）为两种完全不同的植物，后者不能用来做香料和药物。为表示区别，本书中将后者译为丁香花。此处所说的丁香花苞制成香料后也被称为“公丁香”。——译注］就已经因为它有防腐和麻醉的功能而被收录在各种药典中。现代也是如此，它的气味会让人立即联想到牙医诊所，但它也作为香料被用于烹饪。丁香原产于印度尼西亚的马鲁古群岛，公元前若干世纪开始它就是亚洲和地中海地区之间交易的货物之一；古希腊人和古罗马人也已熟练地将它用于医疗。公元4世纪起，在欧洲，阿拉伯人已将丁香推广开来，但直到中世纪以及之后很长一段时间，丁香仍是一种非常昂贵的调料，是富人才能享用的美味。

所以不难想象丁香曾引起的各种贪婪争夺。始作俑者是葡萄牙人：在登上马鲁古群岛后，除了他们在特尔纳特岛（Ternate）上已经占有的部分之外，葡萄牙人毫不犹豫地烧掉了其他所有的丁香树，以确保自己绝对的垄断地位。之后取得群岛统治权的荷兰人则顺便夺走了葡萄牙人的这一植物珍宝。在法国这边，我们得感谢皮埃尔·普瓦沃（Pierre Poivre）的努力。这位园艺家的人生精彩得如同一部小说，三言两语都难以概括。他为了法国施展偷盗天才（我们别不好意思用词），使得丁香和肉豆蔻树最终落户法国岛（l'île de France，也就是现在的毛里求斯），之后又在波旁岛（l'île de Bourbon，即留尼汪）、桑给巴尔和安的列斯群岛上成功安家。

红色花苞

在丁香的花苞开始变红但还没打开时，人们就已经将它们采摘下来并进行干燥，制造丁香子。大约需要3000克的新鲜花苞才能制成1000克的香料。之后，人们会对丁香子、花苞和其肉茎进行处理，用水蒸气蒸馏10至24小时，这样得到的精油（香水领域所说的“丁香油”，其实包括“丁香叶油”与“丁香花蕾油”；中文提“丁香油”时一般指的是前者。——译注）萃取率高达16%到18%。这种质地微稠的澄澈精油散发出众所周知的辛香气味。丁香精油会被使用在很多不同的化妆品、清洁用品（特别是口腔类），以及辛香调的淡香水中。用有机溶剂萃取丁香子，可以获得一款气味浓烈的树脂；它的萃取率相当高，在24%到32%之间。

如今，丁香主要种植在马达加斯加和印度尼西亚，此外，巴西、斯里兰卡和坦桑尼亚也都有种植。

夜色传奇

在印度、摩洛哥或埃及，日间灼人的热浪退去后，人们终于可以享受夜色之下湿润的清爽。只要去过这些国家的人，都会赞叹日暮时分空气中飘散的浓郁茉莉香气，但对短暂度假的人来说，即使闻香却不见茉莉似乎也没什么奇怪。他们并没有发现，这种浓烈的香气其实来自一种不起眼的灌木，而它们的花朵更加籍籍无名，甚至没有什么颜色。这就是夜香树（Galant de nuit，拉丁名：*Cestrum nocturnum*）。

但在香料制造领域这都无所谓，我们可以定制香气来呈现任何“画面感”。芦丹氏于2000年推出了香水“夜色”（*À la nuit*），就是为了再现这沉醉于茉莉香气中的迷人夜晚。在这款香水中，安息香脂和麝香配合丁香一起，渲染出醉人的气息，仿佛绘出一张香气氤氲的气味明信片。

注意，国宝来了！创立于1798年的香水品牌罗宾（Lubin）是法国历史最为悠久的品牌之一。创始人是皮埃尔·弗朗索瓦·罗宾（Pierre Francois Lubin）；在格拉斯打下坚实的香水知识基础后，他一手创立了自己的品牌。“罗宾之水”（L'eau de Lubin）中也有丁香的身影。

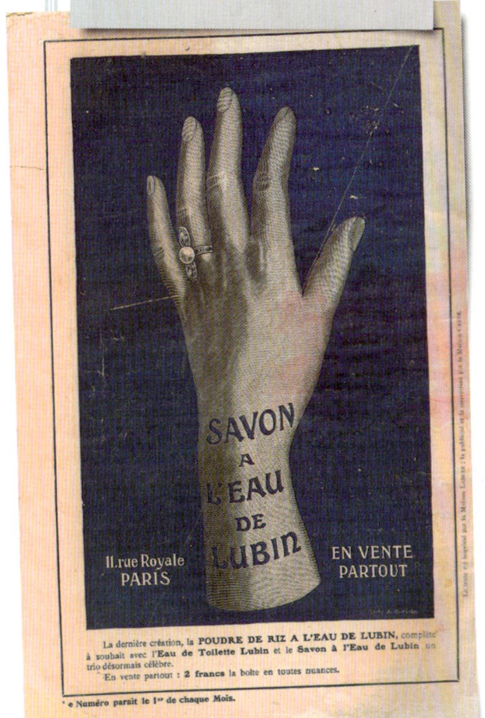

蜡菊

Helichrysum angustifolium L., *H. stoechas* L. - 菊科

别名咖喱草

当我们穿行在法国南部或科西嘉的石灰荒地上时，地上的野草经常会因为被踩踏而散发出各种各样带樟脑味的浓郁气味。但在其中，我们能轻易地分辨出蜡菊的香气，因为它与东方菜系挚爱的咖喱气味极为相似，典型得让人无法忽略。它们俩相似到了这样一个程度：蜡菊的植株也可以细细地切碎用于烹饪来代替咖喱的作用；但它没有后者那么浓烈。蜡菊是一种带有鲜明地中海印记的植物，但它在整个地中海沿岸地区呈极大的多样性，包含若干不同的品种。普罗旺斯蜡菊，拉丁名为 *Helichrysum stoechas*，就是香水制造业使用的蜡菊品种之一；在法国瓦尔省的埃斯特尔高地（Le massif de l'Esterel）和科西嘉岛上，这种蜡菊生长得十分旺盛。另外一个拉丁名为 *Helichrysum angustifolium* 的品种则主要生长在意大利、南斯拉夫、西班牙和北非。它们在干燥和贫瘠的石头地上也能茁壮成长，的确勇气可嘉。这样的生长环境当然会造就彪悍的植物，其个性之强，也是调香师们喜闻乐见的。

植物肖像

高40厘米至80厘米的矮灌木，花茎直立，形状狭长的银色常绿叶上覆有茸毛。5月到9月间开花，黄色的头状花序在花茎顶端攒起。果实为瘦果。植物的花和叶能散发出浓郁的咖喱香气。

蜡菊生长在整个地中海地区，但只在前南斯拉夫地区进行蒸馏。它的精油则主要在法国生产。

刚盛开，便枯萎

蜡菊一开花，花朵似乎不胜南部的烈日，就已经枯萎和干燥了。蜡菊和薰衣草的处理方式类似，都是把带着干花的花枝成捆收割，然后立即用水蒸气进行蒸馏，其精油萃取率为0.2%至0.4%。提炼出的精油是一种质地澄澈的橙黄色美丽液体，其十分典型的气味中还混合了玫瑰和洋甘菊的香气。有人还声称能闻到淡淡的咖啡或冰糖香。这要看鼻子的功夫了！用有机溶剂可以提炼出1%的浸膏，再由它提炼出75%的净油。蜡菊浸膏也是一种质地坚硬的蜡状物，呈深黄色或褐色；它当然也富于蜡菊的典型气味，而且更加浓郁。其精油主要用在化妆品领域：比如制造唇膏、洗发水，身体和头发使用的滋润油；当然，香水制造中也会用它来对花香进行微调。

"L"之传奇

我在这里忍不住要再次告白：法国南部和它的石灰荒地延伸至无际深蓝，这深蓝的所在是世界上最美的海洋之一。所以这款香水是不是为赞美"*Mare Nostrum*（拉丁语，意为'我们的海'，是罗马时代对地中海的称呼。——译注）"而存在呢？洛丽塔·琅碧卡为我们献上的这一款香水完全为海洋而生，就像由蜡菊呈现的、带着咸味的海洋之吻，再由香辛料、香荚兰和木香加以精心烘托。瓶身采用了神话中的美人鱼和一枚卵石的创意，仿佛幸运者网住的一枚小小珍宝。可以确定的是，这位来自波尔多的女设计师所推出的香水，从来都是人们珍藏、守护的心爱之物。大家都不会忘记，令她一战成名的那只被禁锢的苹果（指品牌于1997年推出的首支香水，其香水瓶设计的创意为一个紫色的水晶苹果。——译注）。

耳后两滴香

含有蜡菊的香水

·娇兰，科隆水68号（Cologne du 68，2006）
·娇兰，英雄之魂（L'Âme d'un Héros，2008）
·弗拉潘，1270（2008）
·阿蒂仙之香，阿德萨·德·维尼塔斯（Aedes de Venustas，2008）
·别样公司（The Different Company），游牧者的晨曦（Aurore Nomade，2012）

永生且多产

蜡菊（法语中"蜡菊"一词也有"永生"的意思。——译注）有超过500个品种以及众多亚种。香水中主要用到的是*Helichrysum stoechas*、*H. angustifolium*、*H. arenarium*和*H. serotinum*这4个亚种。

蜡菊完全是为太阳而生的：它拉丁名中的*heli*代表"太阳"，而*chrysum*代表"金色"。所以它的精油被用于美黑产品也就不稀奇了。

鸢尾

Iris germanica var. *florentina* L. - 鸢尾科

用粉末说话

鸢尾是一种很普通的植物，路边地头几乎到处都是；谁能想到它居然是能出产世界上最稀有的（也是最昂贵的）香水的原料之一呢？特别是当你知道，它在自然状态下看起来还相当丑陋的根茎居然被这个领域所使用。这种主要用在香水和化妆品领域的鸢尾品种叫作佛罗伦萨鸢尾（L'iris de Florence），它可能原产于地中海地区，后来扩散到了周围其他国家，只有欧洲北部除外，因为那里的气候对它来说过于寒冷。

植物肖像

60厘米至1米高的多年生落叶植物，根系十分发达，剑形互生叶片的基部为鞘状。春末夏初时萌出雌雄同体的花朵，以螺旋形的聚伞花序攒集在一起；每朵花有3个花瓣和3片花萼，并环绕以数个苞片。蒴果型的果实中包着数粒种子。

来自泥土的芳香

在很久以前，鸢尾就因为根茎的益处成为具有实用价值的植物。人们选取那些在贫瘠的石头地上长了至少3年的植株，收割其根茎，然后去皮、去根须、清洗和干燥。到这个阶段，它们是无所谓香臭的，也不再有新鲜根茎的那种难闻的气味。处理过的鸢尾根茎会被装进大麻布袋或者匣子中储存和干燥，芳香化合物会在3年的储存过程中慢慢合成。3年后，将鸢尾根茎捣碎，然后进行24小时至36小时的水蒸气蒸馏；从鸢尾根粉末中提炼出的精油已经浓缩了根茎中所含的主要成分。这样获得的“鸢尾黄油”（beurre d'iris）是一种稳定的化合物，颜色为微白到黄色，但萃取率比较低，只有0.2%。这种黄油

耳后两滴香

含有鸢尾的香水

· 娇兰，蓝调时光（L'Heure bleue，1912）
· 爱马仕，福保大道 24 号（24 Faubourg，1995）
· 伊夫·黎雪，浓情鸢尾（Iris noir，2007）
· 浪凡（Lanvin），琶音男香（Arpège pour homme，2005）

中含有脂肪酸和相应的酯类，特别之处在于几种鸢尾酮的存在造就了它柔和的香气。就连嗅觉不太敏感的人，也可以在这种气味中闻到甜美的紫罗兰香气。将鸢尾黄油去除脂肪酸后，可以得到鸢尾净油；这种黄色液体的萃取率更低，只有万分之二到三！所以这种原料每千克 15000 欧元起的高昂定价就不难理解了。正因如此，鸢尾一般也只用于那些高端香水、化妆品和香皂。鸢尾根茎的粉末也可以用酒精萃取，以获得树脂状精华。

精英之选

鸢尾类的植物大概有 120 种之多，但其中只有三种可用于香水制造，即佛罗伦萨鸢尾（拉丁名为 *Iris germanica var. florentina* 或 *Iris florentina*，不同的作者可能选用不同的名称）、托斯卡纳鸢尾（*Iris pallida*）和维罗纳鸢尾（*Iris germanica*）。

“1000”传奇

鸢尾粉末有一个鲜明的特点，就是它带有曼妙的紫罗兰香气，所以人们现在还会时常称它为“紫罗兰精油”。1972 年，让·巴杜推出了他闻名遐迩的香水“1000”，其优雅与考究可谓达到了极致。如同时装品牌本身所缔造的形象一样，这款香水弥漫着醉人的花香，又流露出一丝由桂花带出的杏子甜香。其青涩和清爽的部分则令人想到黄瓜或新鲜的豌豆，这主要是紫罗兰叶的功劳。而其中的紫罗兰气息可能还是得归功于鸢尾的存在。

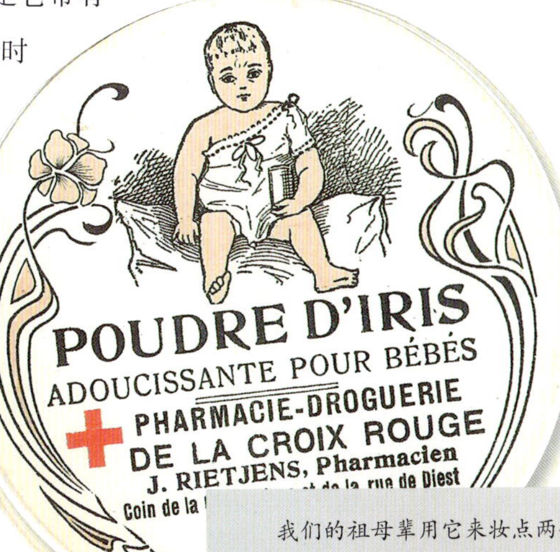

我们的祖母辈用它来妆点两颊，因为众所周知，鸢尾粉能做成质量最好的定妆散粉。它也可以帮助维持宝宝娇嫩的臀部皮肤。有的化妆品会用到鸢尾的汁液来淡化雀斑，但实际上雀斑也挺可爱的。

茉莉

Jasminum grandiflorum L., *J. sambac* L. - 木樨科

家在格拉斯、西班牙或阿拉伯

拉丁名为 *Jasminum grandiflorum* 的植物在成为“格拉斯的茉莉”之前，原来的名字其实是“西班牙的茉莉”，因为原产于印度的茉莉就是从西班牙开始传入欧洲的：大约在1560年，西班牙的船员将茉莉带到了格拉斯地区。茉莉花香淡雅而带有果香，其独特的风情立即令整个香水行业拜倒在它的裙下；它也和玫瑰一起，为格拉斯带来了“香水之都”的美名和无尽的财富。于是，决定茉莉的采集时间与加工方法的重任自然就落到了香水–手套工匠身上。当时格拉斯城中一共有21位这样的匠人，他们共同垄断了香水制造行业。从17世纪开始，只有在那些种了茉莉的大型花园中人们才可以采集到茉莉花朵。直到1860年前后，因为灌溉水渠的出现，人们才开始在田野和梯地上进行大面积的茉莉种植。如今，只要提起茉莉，人们就会联想到格拉斯，然而香水行业对茉莉花的需求量如此之大，早已不得不将花朵种植的区域扩大到周围其他地区，比如东边就直到瓦尔省。于是，茉莉的势力范围就包括了从旺克（Vence，阿尔卑斯滨海省）到西朗拉卡斯卡代（Seillans-la-Cascade，瓦尔省）的这一片区域。

茉莉的花开花谢取决于光线和气温的变化（为了显得很有学问，我们要使用“倾光性”和“感热性”这两个词）：在经过高于17℃的一夜温暖之后，茉莉的花朵会达到香气的巅峰。因此格拉斯人一般在8月初的清晨

植物肖像

2米至4米高的灌木，5厘米至10厘米长的对生常绿叶，每组有5片至11片小叶，颜色翠绿。夏季花朵盛放时适宜采摘，管状花朵，色白味香。

耳后两滴香

含有茉莉的香水

- 香奈儿，5号（No.5，1921）
- 纪梵希，魅幻天使（Ange ou démon，2009）
- 宝格丽（Bulgari），我的夜茉莉（Mon jasmin noir，2011）
- 汤姆·福特，深茉幽红（Jasmin rouge，2011）

采摘茉莉。因为它极为娇嫩，摘下后几个小时内就得立即对其进行处理。人们过去采用的脂吸法因为花费高、耗时久，已经被有机溶剂萃取所取代。但浸膏的萃取率仍然很低：连续经过3次己烷处理后，1吨重的花朵才能提炼出3000克浸膏。

茉莉的家族十分庞大，包含超过200个品种，其中大部分是攀缘植物或灌木。

“喜悦”传奇

让·巴杜想要一款能代表他品牌形象的香水。1929年时正值股市崩盘引发的全面经济危机，满怀热情的设计师却十分笃定，此时通过有争议的市场营销能触发理想的宣传效果。于是，他在1930年推出了“*Joy*”（喜悦），其调香师为亨利·阿尔麦拉斯（Henri Almeras）。然后，他将香水寄给了同自己关系最好的250名美国顾客。这款稀有的香水含有格拉斯的茉莉花和五月玫瑰，以及保加利亚玫瑰，被认为是世界上最昂贵的香水。必须要提一句，要用1万朵茉莉花和28打玫瑰，才能得到30毫升这款香水。因为这款香水终将成为神一般的存在，盛载它的瓶身也得配得上如此传奇。于是，亨利选择了巴卡拉（Baccarat）水晶作为香水瓶的材料，并邀请装潢设计师路易·绪（Louis Süe）操刀设计了瓶身。瓶身设计所采用的黄金分割率正是古典建筑和谐美感的秘诀所在。

要生产1升茉莉精油需要相当有耐心：等采摘完700万朵茉莉再说吧！

阿拉伯茉莉

拉丁名为 *Jasminum Sambac* 的阿拉伯茉莉，是近二十年来调香师经常使用的另一个品种。这种植物的花朵肉质更肥厚，花瓣也更大，其香味带有更高的甜度。人们通常用它为茉莉花茶增添风味，或制作项链或寺庙里用的花环。此外，这种茉莉会通过被萃取成为浸膏而荣升至花儿们的极乐世界；这种浸膏大部分出产于印度。

薰衣草

Lavandula angustifolia Mill. – 唇形科

蓝色丽人

薰衣草包括三十多个种类，花朵有蓝、紫、粉或白色等，全都来自干燥炎热的地区。撇开园艺不谈，只有两个品种能用于香水制造。细叶薰衣草（又名“真实薰衣草”），拉丁名为 *Lavandula angustifolia*：这就是我们在上普罗旺斯看到的那些长长的蓝色花垄上生长的品种，但它也有几个变种是专门用于香水制作的，比如 Maillette、Matheronne 或者 Fine。调香师们也会使用杂交薰衣草。这是一种细叶薰衣草和宽叶薰衣草（又名“穗花薰衣草”）杂交的品种，拉丁名为 *Lavandula angustifolia x Lavandula latifolia*。这个在 1925 年前后被发现的品种并非人工嫁接，而是自然选择随机形成的。该品种比它们的亲代更强壮、更高大；从它们的可变性来说，有的时候像宽叶，有的时候像细叶。还有一些与杂交薰衣草不同的品种，其中最常用的是 Grosso、Super、Abrialis 和 Sumiani。

植物肖像

高度和直径都是0.3米至1米的灌木；狭长而窄的常绿叶长3厘米至5厘米，颜色为灰绿色。每年7月到8月为开花期，长长的花梗上会长出紫色的花穗。整棵植株都散发出浓烈的香气。

薰衣草种植园

从 13 世纪开始，人们就对薰衣草进行蒸馏，以适应较精细的医疗用途。而这个时期开始使用的薰衣草的名称，也就是现代通用的这个名字“Lavande”，它的词源应该是拉丁语“*avare*”。18 世纪初期，沃克吕兹省（Vaucluse）的索尔特地区（Sault）生长着最美、最令人引以为豪的野生薰衣草，那里的流动薰衣草蒸馏站也已经可以加工出质量很好的精油。传染病流行的时候，比如 1722 年，人们会在家里或上街焚烧薰衣草和其他芳

一小时见分晓

采摘下来的薰衣草花茎会被放置干燥两天，以去掉植物纤维中含有的部分水分。用大型蒸馏瓶进行水蒸气蒸馏的速度很快，不到一小时即可完成。从20世纪90年代开始，人们比较常用的是所谓“碎绿”（en vert broyé）蒸馏，也就是采摘后将花茎直接切碎进行蒸馏。这样的萃取率较高一些。用石油醚可以萃取出香皂质感的浸膏（萃取率为0.6%到1.2%），之后可以再萃取出50%至66%的淡红色净油。

最早提到法国薰衣草（*Lavandula stoechas*）的著述是，公元60年迪奥科里斯的《药物论》（*De materia medica*）。自此之后，薰衣草走过了多长的一段历史啊！

香植物。像其他芳香植物一样，薰衣草也被名声所累；所以索尔特的地方政府也对这种植物的使用进行了严格的控制，以减少人们对野生薰衣草的采摘。

“给一个男人”的传奇

这么说不是为了让普罗旺斯人难堪，但最初的确是英国人对薰衣草更有话语权。薰衣草种植始于英国；17世纪时，女王命人在她的城堡前种了一片薰衣草田，以实现对它长久的拥有，方便制造化妆品。这之后，薰衣草就攻陷了全英国的洗手间，它的气味也跟洗漱产品和卫生清洁用品紧密联系在一起。此时的地中海地区则更倾向于在此类产品中使用柑橘类香氛。到了20世纪30年代，那时对英美，特别是美国人来说，高级定制时装的代表就是科蒂和卡朗（Caron）。所以，当卡朗在1934年推出香水“*Pour un homme*”（意为“给一个男人”）时，薰衣草便自然担任了主角，甚至是唯一主角，香荚兰只是起了辅助作用。这样围绕唯一花香构建起来的气味设计被称为“soliflore”（单一花香调）。此后，这款香水便成为洗漱和剃须的近义词。简约，却无法超越。

耳后两滴香

含有薰衣草的香水

- 罗莎（Rochas），胡须（Moustache，1950）
- 萨尔瓦多·达利（Salvador Dali），达利之水（Eau de Dali，1987）
- 娇兰，传承男士香水（Héritage，1992）
- 帕高·拉巴纳，帕高（Paco，1996）

柑橘

Citrus reticulata Blanco – 芸香科

一切尽在果皮中

植物肖像

高3米到6米的常绿小乔木。披针形叶片表面光亮，呈现美丽的翠绿色；像其他常见的柑橘类植物一样，柑橘几乎没有翼叶。花形简单的白色花朵成簇生长。果实通常直径8厘米至10厘米，呈略扁的圆形。果肉味道甜中带酸，果皮较薄。

柑橘来源于亚洲，主要生长在越南和中国。它传入南欧和法国的普罗旺斯是比较晚近的事了，大约在18世纪。柑橘的传入丰富了欧洲的果实品种，但因为它抗寒能力较弱，在那个年代还比较稀罕和贵重。它的另一个缺点是果实中的籽比较多，所以到了19世纪，它的地位就被克里曼丁红橘（clémentine）取代了。后者是阿尔及利亚的神父克雷芒（Père Clément）偶然发现的，当时的阿尔及利亚几乎没有这种红橘的存在。如今，在全世界范围内，柑橘都是人们消费的主要水果之一，它本身也包含二百多个变种，主要产地在中国、意大利南部、美国、阿根廷和西班牙。

压榨而出的香味

像其他的柑橘类作物一样，只要温度足够，柑橘

橘子和橘子也不一样

为了详细介绍这种柑橘类植物，我们得列举它内部的四大门派：其一是地中海柑橘，也叫普通柑橘（拉丁名 *Citrus deliciosa*）；其二是东南亚种植的国王柑橘（*C. nobilis*）；其三是颜色几乎为红色的红橘（*C. tangerina*）；还有最耐寒的温州蜜柑（*C. unshiu*）。

可以全年不间断地生长、开花和结果。它的花朵特别茂盛，但这对调香师来说意义不大，因为用来萃取精油的是新鲜果实的果皮，萃取方式就是单纯的压榨而已。从前在意大利的西西里和卡拉布里亚发明的古老压榨手段，现在已经得到了改良。如今提取柑橘类精油算是生产果汁的附加活动，实现手段主要是通过两种类型的机器：第一种为研磨机（pélatrice），主要是在果实表面进行摩擦，将精油释放出来；第二种为压榨机（sfumatrice），使用切块的水果，对果皮不断地折叠和挤压，以榨出精油。这两种情况下得到的精油都会立即与水分进行分离，其萃取率相当低（最多 0.85%）。其精油的澄澈液体呈泛蓝的淡黄绿色，经常用于带有清爽果香的淡香水。

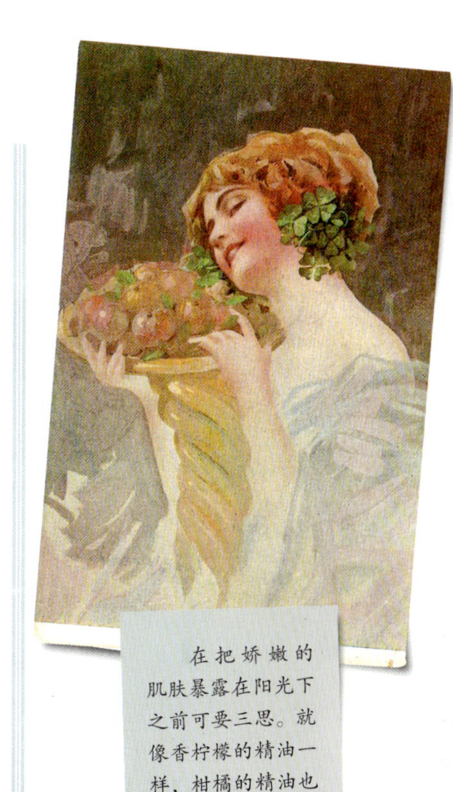

在把娇嫩的肌肤暴露在阳光下之前可要三思。就像香柠檬的精油一样，柑橘的精油也有光敏性。

“罗莎之水”传奇

马萨尔·罗莎（Marcel Rochas）最重要的身份是时装设计师，是他在 20 世纪初期将穿女士束腰紧身带的习惯引入时装领域。1920 年，他创立了自己的时装品牌，1932 年，他将店址搬到了巴黎的蒙田大街，这也是他推出的首款香水的名字。而美国集魅力和媚俗之大成的殿堂好莱坞，才是罗莎真正成名的地方。在那里，最当红的明星，比如凯瑟琳·赫本（Katharine Hepburn）、珍·哈露（Jean Harlow）、洛丽泰·扬（Loretta Young）、梅·韦斯特（Mae West）都穿过他设计的服装。另外，美国在 20 世纪 60 年代末迎来了著名的“权力归花儿”（Flower Power）运动。为了与时俱进，这家时装屋聘请了调香师尼古拉·玛姆纳（Nicolas Mamouras），并于 1970 年推出了香水“罗氏之水”（L’Eau de Roche），两年后更名为“罗莎之水”（L’Eau de Rochas）。这款糅合花香和果香的香水成为之后几年最畅销的产品。

耳后两滴香

含有柑橘的香水

- 登喜路，银色（D，1996）
- 蒂埃里·穆勒（Thierry Mugler），冰人（Ice Men，2007）
- 弗拉潘，木青热情（Passionboisée，2008）
- 凯卓（Kenzo），西西里的早上 10:10（10:10 Am in Sicilia，2011）

马黛茶

Ilex paraguariensis A. St.– Hil. – 冬青科

耶巴马黛（Yerba Maté）

巴拉圭茶、耶稣会士茶或者巴西茶，这些名词指的都是同一种植物。它跟冬青是远亲，叶子中含有丰富的可可碱、咖啡因和茶碱。这种树的叶子经过干燥和焙炒之后，可以制成花草茶，从而变身成为一款能量鸡尾酒饮料。也因为它对振奋精神有奇效，几乎所有的古代药典中都会提到它；印第安人更是一直以来都有喝马黛茶来恢复体力的习惯。此外，它也是一种效果很好的抗感染药物。

马黛茶是一种在南美非常受欢迎的饮料，它甚至还被阿根廷人尊为国饮，人们习惯在咖啡馆里啜饮这种饮料。另外，用来盛放这种饮料的大肚子小罐也被称为“马黛罐”，人们会搭配一个名为“帮比亚”（bombilla）的金属吸管，吸管底下带有滤茶的过滤装置。

人们饮用马黛茶的习惯要追溯到16世纪。在很长一段时间里，它都是与某种仪式相关联的。如今，饮马黛茶的重要性已经不像从前，但这种仪式因素还是被保留了下来：共享马黛茶无论如何都包含了欢迎的意味，可以表达主人的友谊和关爱。对高乔人（Gaucho，南美洲潘帕斯草原上的牧人。——译注）来说，这种美味的

植物肖像

这种树在它自然生长的环境里高度可以达到16米到20米，但人工种植时一般控制在4米左右。常绿叶片肉质较厚，颜色深绿，表面光滑，边缘略带锯齿状。叶柄上先开出淡绿色的小花，然后会形成深红色的花簇。

正在喝马黛茶的人。

饮料代表了族人之间的紧密联系。在饮用时，他们会逆时针转动马黛罐，来表示他们希望时间倒流的心愿。

纯马黛茶的味道很苦，只有行家才会喝这种不加糖的“maté cimarron”。但以前就有外国人和克里奥尔人（Créoles，主要指西印度群岛和南美各地的西班牙和法国移民的后裔。——译注）在茶里加各种各样的佐料，好让茶的味道更容易入口，比如轻焙过的糖、朗姆酒、烧酒、橙皮等，甚至还有人会把泡茶的水换成牛奶。

良饮苦口

马黛茶是一种绿色植物，它的青草香调糅合了木香，又带有一丝烟草气息，这种和谐统一正是调香师梦寐以求的。简而言之，它集清新与阳刚于一身。用挥发性溶剂对干燥的马黛茶叶进行萃取，可以获得深色的马黛茶净油。但这种净油在用于香水中之前，会先经过脱色。

马黛茶净油的产地只有巴拉圭和阿根廷北部；在那里被处理过的马黛茶叶总计约有30万吨。

琶音男士传奇

1927年，珍妮·浪凡（Jeanne Lanvin）推出了“琶音”（Arpège）女士香水。这款可以跻身香水神殿的作品，经受住了岁月的考验，成为香水史上最伟大的经典之一。但直到78年之后，这个品牌的经营者似乎才反应过来，这世界上也是有男人的！于是，经由调香师奥利维耶·佩硕（Olivier Pescheux）之手，他们打造出这款香水的男士版本。这款男香保留了原香里由茉莉和鸢尾呈现的女性气息，而男性特质则交由马黛茶、温暖的木香和香脂气息来展现。瓶身设计方面，男香采用了中心含有黑色圆盘的玻璃立方体，来呼应女版香水的黑色圆球瓶身。传奇终于圆满。

你就是植物的唯一

在耶稣会士发现马黛茶之前，瓜拉尼印第安人（les Indiens Guaranis，南美国家巴拉圭的主要居民。——译注）就已经将它派上了大用场。因为这种植物的用处极多，所以被称为Caa，这个词是对植物的总称。简而言之，它代表了所有植物。

马黛茶的净油被加在馥奇香调中时，可以加强其气味。

耳后两滴香

含有马黛茶的香水

· 尚美（Chaumet），尚美男士香水（Chaumet pour homme，2000）
· 帕尔玛之水（Aqua di Parma），蓝色地中海淡香水（Blu Mediterraneo Arancia，2005）
· 萨尔瓦多·达利，碧水（Agua Verde，2005）
· 基利安（Kilian），竹韵和谐（Bamboo Harmony，2012）

薄荷

Mentha arvensis L., *M. x piperita L.*, *M. pulegium* L, *M. spicata* L. – 唇形科

清爽好帮手

植物肖像

草本植物，地下的水平根茎系统催生出许多茎叶。全缘叶片边缘略带齿裂，有好看的叶脉纹路。开花时形成小的白色花簇，花朵略带蓝色或紫色。整株植物都散发着浓郁的香气。

薄荷自古以来就是最常见和最重要的医用作物之一，在气候温和的地方就可以生长。这种芳香植物也经常用于烹饪。在法国境内与昂热（Angers）相邻的区域，也就是谢米莱（Chemillé）和米利拉福雷（Milly-la-Forêt）附近，人们种植了大量的胡椒薄荷，将其用于制药领域。香水制造所需的薄荷，则主要产自美国、巴西、俄罗斯、摩洛哥和西班牙。

研究芳香植物的行家都知道，薄荷家族内部实际上有着微妙的千差万别；无论对调香师还是普通人来说，苹果薄荷、巧克力薄荷、柠檬薄荷都应该是最容易辨认的。在用于香水制造的四种薄荷中，有两种特别值得注意：一种是经典的胡椒薄荷，也就是有“口香糖”效果的品种，我们都熟知这种“薄荷脑的清爽感”，它在化妆品和食品中都很常见；第二种是留兰香（Menthe crépue），它的气味更像植物散发的清爽草香，让人感觉它仿佛刚刚被收割下来。

献给男士的薄荷

整株薄荷都会在开花前连叶带茎一起被采摘下来，有时还会经过部分干燥，然后通过以水蒸气蒸馏的方式获得精油。

在香水制造领域，薄荷总是给人清爽和卫生的印象；用在男士淡香水里时，则带来典型的运动和户外感。如拉夫劳伦（Ralph Lauren）在1978年推出“马球”（*Polo*）香水，也由此带动了男士淡香水的潮流。在此之前，可能爸爸们脸颊上的香味只有烟草调、薰衣草或木香调，这款香水的出现无疑填补了男士香水的空白。它与香根草和柠檬搭配，仿佛为浴室带来了一股从头到脚的清新感受。薄荷的这个身份也是相对新近出现的，从前它主要用在古龙水和香水中。比如娇兰为了向欧也妮皇后[L'impératrice Eugénie（1826–1920），拿破仑三世的皇后，被认为是当时最美的女人之一。——译注]致敬，在19世纪推出的“帝王之水”（L'Eau impériale）中就有薄荷的存在。较为现代的还有“娇兰之香”（l'eau de Guerlain）在1974年推出的版本，里面也能发现薄荷。薄荷也经常用于表现女性气质，比如让-路易·雪莱1979年推出的“雪莱”（*Scherrer*），迪奥于1991年推出的“沙丘”（*Dune*），还有圣·罗兰于1993年推出的“醉爱”（*Yvresse*），都是此中的代表。

卡雷优淡香水传奇

香水也是一种与时代精神相呼应的产物，如果要获得巨大成功，香水制造者甚至还得有预见潮流趋势的能力。自20世纪90年代中期开始，西方社会掀起了一股强势的新浪潮。首先是青少年喜闻乐见的“族群”和“网络”：这个概念实际上差不多跟人类史一样古老，这次又迎来了新一轮的流行。行为、穿着，不同的符号、产品，这些因素决定了人们属于这个或那个族群，这种明确的划分前所未有。之后便是“社交网络”时代的到来：在这个概念内部，中性化的趋势得到了强化，甚至超过了曾经的“雌雄同体”风（androgynie）。此时，个人定位被排在了群体之后。卡雷优淡香水（*CK One*）就是首批中性风格香水中的一支。从此，香水不再被分作“男孩用”或者“女孩用”，重要的只是它是否适合这个族群。所以，这款香水从1995年推出之后就一直在18岁到30岁的人群中畅销不衰，这也是顺理成章的事了。

耳后两滴香

含有薄荷的香水

· 让-保罗·高缇耶，男子（Le Mâle，1995）
· 蒂埃里·穆勒，一个男人（A men，1996）
· 香邂格蕾，雪松木悦颜香氛（Eau de Cologne Cédrat，2007）
· 卡地亚，跑车（Roadster，2008）

薄荷精油也被用于芳香疗法、植物疗法和医药，特别是拉丁名为 *Mentha arvensis* 的野薄荷的精油。

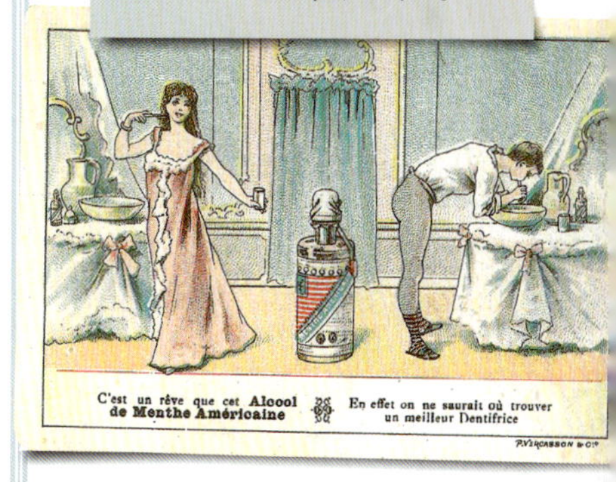

胡椒薄荷含有44%至82%的薄荷脑，我们特别喜欢的那种清爽冰凉的感觉就归功于它。

银荆

Acacia dealbata Link.– 豆科

黄金一般的花簇

包括银荆在内的金合欢属（*Acacia*）有超过 1200 个品种，全都来自南半球，大部分生长在澳大利亚。欧洲是唯一一个金合欢“地方性缺席”的大陆。这类植物拥有非常美丽的花朵，这也是它们成为观赏植物的原因。很早以前，詹姆斯·库克（James Cook，英国探险家。——译注）已将金合欢的种子带回伦敦，种在了邱园 [Kew Gardens，正式名称为 Royal Botanic Gardens（英国皇家植物园），位于伦敦西南部，是世界上最大、种类最丰富的植物园。——译注] 的温室中；这些种子来自坦桑尼亚，属于拉丁名为 *Acacia verticillata* 的品种。

在法国，1793 年正值拿破仑一世挑起的埃及–叙利亚战争（埃及–叙利亚战争发生在 1798 年至 1801 年，这里可能是作者笔误。——译注），他的皇后约瑟芬·德·博阿尔内（Joséphine de Beauharnais）则住在法国的耶尔。她打算在马尔梅松（Malmaison）的城堡里建一座辉煌的花园，引进许多异国品种，为此，她还在城堡和耶尔以及土伦（Toulon）之间做了很多移植。正因如此，1804 年，第一棵银荆终于成功地扎根于瓦尔。此后的 19 世纪后半期，很多富有的英国人来到蓝色海岸定居，并在那里修成了许多地中海风格和异域风情的花园，这些美丽的花园中就种植了许多银荆的品种和变种。为了制作观赏花束，当时，本地的园艺家会出售许多引进的花种。其中包括 Gaulois、Mirandole、

植物肖像

10米至30米高的乔木，新长出的树枝一般有棱。二回羽状复叶含有26对羽片，每对长有30对至40对小叶。叶上覆有一层薄薄的叶霜，这个品种也因此得名（*dealbata*意为“微白”）。开花季为1月至2月，长长的枝簇顶端长出黄色团伞花序，茂密得甚至能盖住叶子。

务求精确

这里需要澄清一个延续了超过一个世纪的误会：四季金合欢是拉丁名为 *Acacia retinodes* 的品种，而不是 *Acacia floribunda*，后者一年只开一次花。

Tournaire、Bon Accueil 和其他很多品种，至今人们都还在种植这些品种；每年 1 月至 2 月，银荆各个品种的鲜切花就会充满兰吉（Rungis）的大街小巷。

“为鼻子献上的金珠”

除了拉丁名为 *Acacia farnesiana* 的金合欢（Cassie，参见本书涉及金合欢的部分）之外，人们主要就是靠 *Acacia dealbata* 来满足香水制造业对金合欢类精油的生产需求。还有一种名为“四季金合欢”（Mimosa de quatre saisons）的植物，拉丁名为 *Acacia retinodes*；只要气候合适，它几乎可以全年生长。

用汽油醚来萃取银荆，可以得到硬质蜡状的淡黄色浸膏，但四季金合欢的香膏颜色则是较深的黄色。这种浸膏的气味类似鸢尾，会让人马上想到金合欢，它那带有绿香调和酚醛气味。之后可以再从中萃取出质地黏稠、颜色为琥珀黄的净油，它经常被用在花香、醛类、东方感或清香调的香水中。

带有分蘖（根蘖是从根上长出不定芽伸出地面而形成的小植株。一些植物的根部可以出现分蘖，向周边土壤扩散而后无性生殖出多个新生个体的特性。——译注）的根系使银荆极具侵略性，它被认为是祸害瓦尔地区和阿尔卑斯滨海省的植物型瘟疫。

可可传奇

嘉柏丽尔·香奈儿的昵称“可可”（Coco）比她的本名更广为人知，但其实只有几个关系亲近的人才会这样称呼她；其他人则带着更多的敬意称她为“小姐”（Mademoiselle）。她年轻时曾试图在音乐和戏剧领域发展，小名“可可”就来源于这个时期。她曾经演唱过的曲目中有一首早已经被忘怀的老歌“*Qui qu'a vu Coco?*”（意为“谁看见过可可”。——译注）里面的歌词写得很明白，这首歌是关于一只走失的小狗。

“可可”是香奈儿小姐的品牌于 1984 年在她过世之后推出的第一支香水。它仿佛带着爱意和敬意深情地凝视着香奈儿。

耳后两滴香

含有银荆的香水

· YSL 圣·罗兰，巴黎女士香水（Paris，1983）
· 娇兰，香榭丽舍（Champs-Elysées，1996）
· 娇兰，花草水语淡香水 - 华贵牡丹（Pivoine Magnifica，2005）
· 纪梵希，爱慕格拉斯的含羞草（Amarige Mimosa de Grasse，2010）

铃兰

Convallaria majalis L. – 百合科

林中飘香

铃兰那淡雅的香气绝对不可能被调香师错过，所以从 16 世纪开始，铃兰就已经被用于香水制造了。有趣的是，这种带着纤细感的轻柔花香竟然也会得到男士的垂青，人们甚至用“铃兰”来称呼一个气质优雅、做派高贵，特别出色的年轻男子。这种用法一直持续到 19 世纪。但铃兰（这次说的是植物）更为高冷；为了得到它的香气，人们从前使用的是脂吸法，但这种方法笨重且耗费极高，所以已经被现代香水制造业摒弃。香水制造业者费尽了心思，尝试使用各种常见方法对铃兰进行提炼，比如水蒸气蒸馏或用有机溶剂萃取，但萃取率仍然很低，而且精油质量也不稳定。此外，这种植物不可能大量收获，也不能大面积种植；更不要说用温室里培育的铃兰，其香气比林中野生的铃兰差太多了。

所以，用铃兰来做单一花香的香水极为少见，它甚至因为价格过于高昂而一度从香水制造领域消失。专家们一致认为，唯一一款只用铃兰花香的香水是卡朗于 1952 年推出的“幸福铃兰”（*Muguet du bonheur*），但在 20 世纪 60 年代，它就因成本太高停止生产。另一款值得一提的香水是迪奥之韵（*Diorissimo*），它于 1956 年由迪奥推出，调香师是埃德蒙·卢德尼斯卡（Edmond Roudnitska）。

植物肖像

长有水平根的多年生植物。大型全缘叶片呈现美丽的翠绿色。野生植株在4月到7月间开花，长长的花茎上挂着小铃铛一样的白色花朵，全部长在花茎的同一边。每一枝花都由两个叶片包围。秋天长出的果实为有毒的红色浆果。

林中的铃兰，其香气比温室中栽培的要浓郁得多，二者完全不可同日而语。

寻找替身

即便如此，铃兰还是经常出现在香水和化妆品中，只不过它的香气主要是合成的。与此类似的还有许多其他的花，比如天芥菜、丁香花、醉鱼草、香豌豆或者忍冬。其气味的芳香分子是在实验室里制造出来的。每个香料商都会打造自己“个性化”的铃兰，但在合成铃兰香气时最有用的成分就是松油醇，在松树、墨角兰、刺柏或者薰衣草里都有它的存在。

耳后两滴香

含有铃兰的香水

· 卡夏尔，双生阿奈伊丝（Anaïs Anaïs，1978）

· 让-查尔斯·布索（Jean-Charles Brosseau），粉色阴翳（Ombre Rose，2007）

· 阿蒂仙之香，香杉雨藤（Fleur de liane，2008）

· 卡地亚，卡地亚之月光（Lune de Cartier，2011）

“L.I.L.Y.”传奇

那白色的小小铃铛，鲜嫩、轻柔、充满春意，居然也有略微黯淡的一面，或者说至少是有点忧郁和伤感的。这款散发着铃兰花香的香水就是明证，铃兰的英文名就叫作“*lily of the valley*”（山谷百合）。这款香水来自斯特拉·麦卡特尼（Stella McCartney），她的父亲或许大家都知道吧……

众多具有铃兰香气的化妆品和香水都得归功于化学合成的存在。

2012 年，她推出这款纪念母亲琳达（Linda）的香水，铃兰是她母亲最喜欢的花之一。斯特拉为香水取名为 L.I.L.Y.，因为可以把它解释成 *Linda I Love You*；就像保罗曾经在他妻子耳边的轻诉，现在则轮到他女儿了。你看，我说过，有点伤感，不是吗?

幸运符与迷信

五一国际劳动节可以追溯到 1889 年，但直到 20 世纪，它才跟铃兰联系在一起。法国南特的街道上常售卖铃兰作为幸运符，这个传统始于 1932 年，其后在 1936 年时随法国政党“人民阵线”传播到了整个法国。据说铃兰也是时装大师克里斯汀·迪奥（Christian Dior）最爱的花朵，他会在 5 月 1 日这天将铃兰赠送给客人和员工。而他似乎也有一点迷信，在每场时装秀之前，他会从模特即将穿的衣服中选择一件，将一枝铃兰缝到衣服的褶皱中。

没药

Commiphora myrrha Engl. – 橄榄科

神圣之树

植物肖像

高3米左右的大型灌木或者小乔木，树枝众多，表面粗糙且有鳞片状树皮，多刺。落叶型叶片较小，每组含有三个椭圆形小叶。夏末开放的花朵为橘红色；进入花期后，树干和主要的树枝各处会隆起鼓包，流出浅黄色的树脂。

每个人都知道，黄金、没药、乳香，它们是圣子耶稣降生时，东方三博士带来敬献给他的三件贺礼。跟乳香一样，没药也生长在热带干燥地区，同样是可以分泌树脂的灌木。而“没药”这个词既指这种植物，也用来表述它分泌的物质。它的主要产地在也门、埃塞俄比亚、厄立特里亚、阿拉伯南部和伊朗。没药是用在香料、化妆品和防腐过程中最古老的材质之一，在四千年以前，古埃及人就开始使用它了。

在《圣经》旧约全书中曾有记载，据说耶稣的身体缠绕着细带，带子上则浸透了香料，其中就有芦荟和没药。对希伯来人来说，没药树脂可以用来制作一种圣油，它也因此拥有非凡的价值。

自古以来，没药就被用在很多的药物和复合方剂中。在现代社会，我们再次发现，它也可以用在芳香疗法和印度阿育吠陀传统医学中。

耳后两滴香

含有没药的香水

- 蒂普提克（Diptyque），三重水（L'Eau Trois，1975）
- 芦丹氏，没药（La Myrrhe，1995）

沙漠之泪

在炎热的季节，没药树的树干和主要树枝上会膨出一些鼓包，里面会自然地流出浅黄色的浓稠树脂。人类会通过切割来加速这一过程。树脂在空气中变硬，成为棕红色的坚硬脂块，最小的尺寸跟榛子类似，最大约有鸡蛋大小。但偶尔会有例外，某些凝固的脂块甚至达到200克。没药树脂自身气味微弱而芳香，苦涩中透出一抹糖的甜美，辛香气息中也带有树脂的香气。

被采集到的树脂经过水蒸气蒸馏，萃取率可达3%

到 8%，这样萃取所得的精油是带着浓烈树脂香气的琥珀黄色液体。经过乙醇萃取，可获得带有香辛料气味的红棕色浸膏（萃取率为 25% 到 30%）。由没药提炼出的精油产品会用在具有东方香调、暖热气息、辛香调和木香的香水中。

“没药微焰”传奇

东方三博士的三件礼物显然给了安霓可·古特尔（Annick Goutal）很多灵感，所以她推出了一系列“东方情调”的香水：“没药微焰”（*Myrrhe ardente*）、“琥珀信仰”（*Ambre fétiche*）和“火焰乳香”（*Encens flamboyant*）。“没药微焰”与其他含有没药的香水有相似之处，都体现了地中海石灰荒地和干燥的沙漠中，土地所带有的最粗犷的质感。但它又能令人想到，这个世界上还有温柔和美的一方净土，可以带我们跳脱实际上严酷而充满敌意的大自然。香水中的一抹八角茴香气息，又糅合一抹糖的甜美，呼应中调里带有一点动物气息的蜂蜜香气，再附送一丝零陵香豆的味道——就这样让我们得到了心灵的慰藉。

有一种类似的树脂叫作“麦加香脂”，产自拉丁名为 *Commiphora opobalsamum* 的树种。直到 20 世纪初期，植物学家都认为它是没药中的一种，所以称之为 *Balsamodendron myrrha*。

被遗忘的没药

古时候，使用单峰驼的沙漠商队从如今也门一带的地区出发，经过漫长的跋涉，来到约旦的佩特拉（Petra，约旦的一座古城。——译注），将带来的乳香和没药从那里再转卖到整个地中海地区。基督教的出现，直接导致了这两种珍贵香料的没落，因为罗马帝国的基督教教堂禁止使用香料。即使后来天主教教堂又重新开始使用没药，但已经造成的伤害却再也无法逆转。

水仙

Narcissus tazetta L. & *Narcissus poeticus* L. – 石蒜科

顾影自怜的花儿

水仙实在太美了。所以就算它喜欢“顾影自怜”，或者它的自傲超越了其他所有芳香植物，我们还是可以原谅它的吧。的确很少有哪种花的丰富和细腻程度能跟它相比，虽然它貌不惊人的球茎让人根本无法做这样的联想。为了在秋天能下种，这种人们在花园里很常见的根茎在市面上有时会零售，有时也会称重销售。

其实水仙的品种算起来共计 22 种，但只有两种被用于香水制造。塔塞特水仙（narcisse tazette）在很长一段时间里是唯一的入香品种；但后来出现了诗人水仙（narcisse des poètes），其地位超过了前者。这两种水仙在收获时间上有互补效果，所以都被香水业者使用。在瑞士、荷兰、摩洛哥和埃及都有大型的水仙种植基地；法国水仙种植区域的规模则较小，主要集中在奥弗涅（Auvergne）和上阿尔卑斯省（Hautes-Aples）。

植物肖像

单子叶植物，从球茎上抽出的叶子狭长而肉厚。直立的花茎高30厘米至40厘米，顶端开出4朵至12朵花，花瓣呈乳白色，花蕊周围有一圈橙黄色的冠状保护罩，其花极香。

梳理水仙

每年 3 月是收获塔塞特水仙的时节；4 月和 5 月就到了诗人水仙的收获季。采集水仙花的人会拿着一个类似耙子的大梳子，在清晨时分从花丛上拢过，摘下植株上芳香的花冠。从这两个品种中能提炼出的浸膏比较少，萃取率为0.2%到0.4%。从浸膏中可以再萃得25%到30%的净油。其浸膏最精彩的部分就是它所带有的美妙花香，那是水仙典型香气的完美写照。香气之所以如此完美，要归功于其中包含的诸多复合成分，虽然每种含量都很低，但因其成分的多样性，敏锐的鼻子可以闻到如同一整束花般的丰富

这种花的花语是自私和冷酷的，不过这很难令人信服。

香气。通过色谱分析（chromatography），这种香气也同样能给人留下丰富多样的印象：其中散发着玫瑰、橙花、晚香玉、茉莉、鸢尾、青苔、紫罗兰和依兰的气味，仿佛献给嗅觉的一场焰火晚会！收割水仙花时，如果也带入了花梗，那么净油还会带有一抹清香调。综上所述，我们就能想到，水仙是专为高端香水准备的。

亚马逊女战士传奇

爱马仕于1974年推出的这款香水，是该品牌最负盛名的香水之一。它的香气带有极为浓郁的花香调，其组成部分包括水仙、黄水仙、玫瑰、鸢尾、茉莉和晚香玉。搭配花香的是由覆盆子、柑橘、葡萄柚、黑加仑和桃子组成的果香，以及雪松奠定的木香型尾调。这个组合融入了浪漫与雅致、果决与热情，必然要寻得其人世的化身。亚马逊女战士在跨上战马时，不惧切掉自己的一侧胸部，以便能同时张弓射箭，还有谁比她们更能代表这款香水呢？20世纪的女骑士会相对更温柔一些，她们在马上坐着时，两条腿会放在同一侧，展示她们美丽的衣着和高尚的教养。而随着自行车时代的到来，这一习惯便成了历史。

耳后两滴香

含有水仙的香水

- 卡朗，黑色水仙（Narcisse noir，1911）
- 兰蔻，黑色梦幻（Magie noire，1978）
- 积歌蒙（Jacomo），沉静（Silence，1978）
- 卡地亚，唯我（Must，1981）

在很长一段时间里，水仙花之所以出名，都是香水“蓝色水仙”（*Le Narcisse bleu*）的功劳。这款香水由巴黎香水品牌“穆里”（Mury）于1920年推出；有的人可能还会对它有印象，因为他们曾经在祖母的颈上闻到过这种香味。

自恋主义

据希腊神话所说，仙女利里俄珀（Liriope）之子纳西索斯（Narcisse）是个旷世的美少年，但他的虚荣心也极强，所关心的只有他自己。他爱上了自己在水中的倒影，却无法得到它，纳西索斯因此愤懑而死，他死去的地方便长出了水仙花。

康乃馨

Dianthus caryophyllus L. – 石竹科

丁香般的气息

“普通康乃馨”（œillet commun），也被称为“园丁康乃馨”（œillet des jardiniers）；可能因为它带有浓烈的辛香气味，所以也被称为“丁香康乃馨”（œillet giroflé）。这个品种可能衍生自地中海沿岸地区的某种野生康乃馨。在法国南部的石灰岩质的地上，常可以看到这种小树丛。康乃馨的发展经过了几个世纪的遴选工作；特别是19世纪以来，园艺学的飞跃发展，促进了大量人工栽培品种的出现。它们主要是用于观赏，或是供生产鲜切花之用。直到20世纪70年代，蓝色海岸都是康乃馨种植界的领导者；而意大利里维埃拉（Riviera italienne）也一样，在那里，康乃馨被种在阳光充足的大片田野上。“宙斯之花”康乃馨有超过300个品种，以及数不尽的杂交品种。如今，它的主要产地已经转移到了非洲和南美的一些国家。

植物肖像

多年生草本植物，木质根上生成30厘米至80厘米高的丛状植株，花茎有棱。常绿叶呈灰绿到青绿色，上面覆盖着薄薄的叶霜，有香味。花季在春夏之间，单枝花密集地生长在一起，每朵花上都有很多带皱褶的娇柔花瓣，花瓣边缘带齿裂。花的颜色十分多样，有白、粉、红、橘色……果实为卵形蒴果。

康乃馨过时了吗

盎然的花香中带有微微的辛香气息，它那骄傲气味自带光环，所以自然也会被香水业注意到。用于制香的康乃馨主要种植在肯尼亚、埃及和意大利，法国南部也有一小部分，但因为收获量有限，现在产量也在变小。人们一般在傍晚时分采集花朵，因为白天的热气能促进植物中香味精华的释放。用石油醚萃取可以获得很少量的棕绿色浸膏（萃取率为0.2%到0.33%）；从中可以再提炼出8%到13%的净油。其外观像是一块棕绿

康乃馨被用在诸多化妆品和香水类产品中。这就是一款康乃馨散粉。

色的软面团，气味非常浓烈。这种气味中掺杂着玫瑰香和其他花香，并混合了香辛料的气味，因为其中含有丁香酚，所以味道以丁香的气味为主。其净油会被用在带有香辛料香调和琥珀香调的香水中。

康乃馨原材料的价格并不能完全解释它被制香业慢慢淡忘的原因。它曾是一种随处可见的植物；或许是因为太常被用于廉价的古龙水和量产产品，它极高的受欢迎度也是它变得庸俗、被抛弃的原因吧。

耳后两滴香

含有康乃馨的香水

· 卡尔文 · 克莱因，永恒之水女士香水（Eternity for Women，1988）

· 阿蒂仙之香，野生康乃馨（Œillet sauvage，2000）

· 川久保玲，2 号红色康乃馨（Carnation Séries 2 Red，2001）

· 让-查尔斯 · 布索，蓝色阴翳（Ombre bleue，2005）

怒放康乃馨传奇

我们真应该给康乃馨正名，帮助它摆脱那些所谓“已经过时”的评语和被滥用的心酸史，还有糟糕的名声。别忘了，在法国，康乃馨还是带来噩运的象征。据传说，当剧院的负责人送给他的女歌手一大束康乃馨，那就是要跟她解约的标志。康乃馨的名字（Dianthus 里的 dia- 来自希腊语的 dios）在词源学上的意义原本相当神圣，俗世对它的使用方式却将它拉下了神坛。跟过去诀别的最好方式，就是将康乃馨可能遭到批评的特色做到极致，哪怕是到夸张的地步。这也正是芦丹氏所采取的手段：他推出了“怒放康乃馨”（*Vitriol d'œillet*），并刻意将香水打造得如同它的名字一样强烈（Vitriol 意为“尖锐、刻薄”。——译注）。香水以黑胡椒、丁香、卡宴辣椒等香辛料为基调，加入依兰等其他浓郁的香味。它令康乃馨的画风骤变，立刻与以往其他以康乃馨为主的香水，如卡朗的“*Bellodgia*”或者佛罗瑞斯（Floris）的“*Malmaison*”划清了界限。

过去，康乃馨古龙水几乎和薰衣草古龙水一样，深入家家户户。

桂花

Osmanthus fragrans Lour. – 木樨科

属于调香师的甜杏

桂花因香气细腻被栽种到意大利的美丽花园里。而在法国，很遗憾，桂花还很少见。这种花主要还是与亚洲，特别是中国和日本紧密相连的。在中国，它是具有两千年以上种植历史的、最传统的十大名花之一。对桂花“芬芳花雨”的描述，出现在中国的散文、神话和诗歌中，当地人还经常将桂花与月亮联系在一起。在为普通百姓所使用以前，桂花是皇家园林的专属。它在西方还被称为香橄榄树（olivier odorant）或中国橄榄树（olivier de Chine）——由名字可见，香水行业必然少不了它的身影。一直以来，中国的传统烹饪和甜品制作中也有它的存在。因为桂花的香气和杏子般的美味，我们现在也会用合成香料的形式把它用在酸奶中。此外，它的杏子口味也一直被用在传统医药制剂中，让苦口良药更容易被接受。桂花还被用在化妆品中，用以护理皮肤、头发和头皮。

植物肖像

常绿乔木或灌木，高度为5米到10米。长椭圆形的革质叶片长5厘米到10厘米，表面光亮，边缘光滑，略带齿裂，与冬青叶相似。夏天到初秋时节为花季，开小花，呈黄色到橙色，花冠带有4个裂片，气味极香。

很中国，很中国

桂花从来没有离开它的出生地中国，于是香水工业所需的桂花种植当然也扎根在中国。世界桂花产量的绝大部分都是由中国贡献的，其主要产地包括苏州、成都、重庆，特别是桂林，它的名字就意味着“桂花成林”。桂花的开花期可以持续十几天，开花时花朵繁盛，整棵树都会挂满香气宜人的花串。夏天的桂花采摘大约要进行三周，只要敲打树枝就可以使它们落下。人们提前在树下铺好了大块布单，方便把掉下来的花收集起

耳后两滴香

含有桂花的香水

- 兰蔻，舒活芬芳香水（Aroma Tonic）
- 希思黎，沁香水3号（Eau de Sisley 3）
- 美体小铺（The Body Shop），日本樱花树（Cerisier du Japon）
- 馥蕾诗（Fresh），清酒醺然香香氛（Saké）

来。粗放型种植的桂花并没有大型的种植园，只有许多分散的小片林园。另外，也不能每天在同一个地方进行采集。采得的新鲜桂花会被放在马口铁罐中用盐水保存；之后会用己烷或石油醚进行反复萃取，以提炼出 1.5% 到 1.7% 的浸膏。之后再进一步萃取获得褐色净油，其甜美如蜜的气味带着果香和花香，十分受香水工业的青睐。

1930 年由让·巴杜推出的香水 “*Joy*”（喜悦）曾经在很长时间里被认为是世界上最贵的香水。而 1972 年由同一品牌推出的、以桂花为主香的香水 “*1000*”，则夺去了前者的冠军地位。

凯卓丛林之虎传奇

1996 年，凯卓推出了“丛林之象”（*Kenzo Jungle l'Éléphant*）香水，后来，在 1997 年，又推出了“丛林之虎”（*Kenzo Jungle le Tigre*）——该品牌用这两款香水带我们进行了一场丛林之旅。这是献给珍妮（《人猿泰山》故事中泰山的妻子。——译注）的部分。凯卓当然也考虑到她的泰山，于是便有了 1998 年的“丛林斑马”（*Kenzo Jungle le Zèbre*）。目前，“大象”已经从市面上消失不见了，所剩的只有“老虎”，但也被重新命名为“*Jungle pour Femme*”。这个情况有点乱，跟丛林倒是颇为相似。这款香味丰富、浓烈，带有东方气息的香水也有点像丛林，其中有丁香、枯茗、依兰、甘草、琥珀、小豆蔻……仿佛我们所能想到的所有异国风情香气的合集。

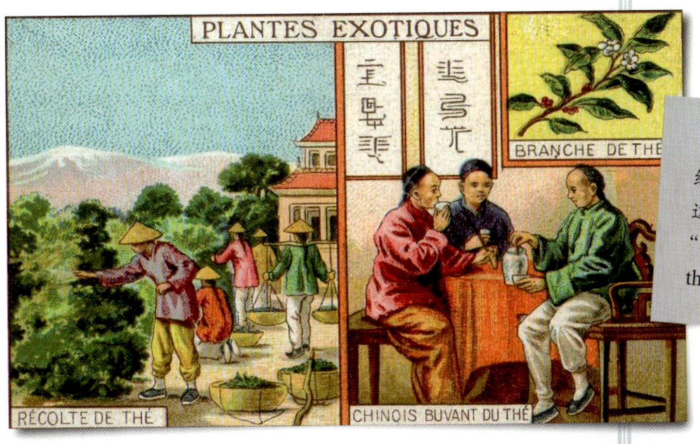

桂花被用来为绿茶增香。另外，这种植物还被称为“茶橄榄”（Olivier à thé）。

广藿香

Pogostemon cablin Benth., *Pogostemon patchouli* var. *suavis* Hook. - 唇形科

权力归花儿

简而言之，广藿香就是印度的代名词。

植物肖像

80厘米到1米高的常绿叶半灌木，枝杈繁多。卵圆形的叶片边缘带有齿裂，质地较脆，表面覆有薄薄的茸毛。花季在冬天，成穗状花序的小花呈白色，中有微蓝。植物全株几乎都没有香气。

广藿香原产自印度尼西亚，但在印度种植的历史也非常久远。十字军东征时期被悄无声息地传入欧洲后，怕冷的它便在一些花园中落脚，却再也没有引起注意。因为它的精油没有起眼的地方，所以香水制造业也没有花心思去了解它。它就这样一直沉寂，到了19世纪才进入人们的视野。首先是英国人发现它的干叶比新鲜叶片要香得多，于是就用它来做衣柜熏香，或制作“百花香”。在法国，人们发现印度进口的开司米披肩外面包裹着广藿香叶，披肩会因此散发出一种厚重的气味，由此，人们便对广藿香产生了兴趣。之后，广藿香来到巴黎，并风行于繁华的大街上。那些靠有钱人养着的轻浮女子，也就是所谓的“半上流社会”（demi-mondaine，指周旋于上流社会但不完全属于其中的女子，一般名声不好。——译注）成员们，特别喜欢广藿香。也许就是这个原因，在整个20世纪，广藿香的形象都不太好，名字也带有贬义。到了20世纪70年代，它又与嬉皮运动和“权力归花儿”联系在一起，这次是因为它的印度背景，而印度则是那一代人所执着的心灵家园。所以“爱之夏”（Summe of love，1967年在旧金山附近的Haight-Ashbury举行的一场十万人大聚会，其中多数是尊崇嬉皮的年轻人。——译注）之后的几年，可以说是将广藿香推向低俗化，同时却令它极受欢迎的时期。此后，圣·罗兰推出了“鸦片”（*Opium*），蒂埃里·穆勒推出了“天使”（*Angel*），这两款香水都取得

了巨大成功，其中的重要成分广藿香因此回到时代潮流之中，并终于重获高贵的色彩。

什么味儿也没有！

新鲜的广藿香植株几乎没有气味，它的气味因子只有在发酵后才能形成。于是它的叶子被拿去做干燥处理，在这个过程中会形成包括广藿香醇（patchoulol）在内的成分。通过水蒸气蒸馏，可以获得较少量的精油（萃取率为2%到3%），然后，人们会将精油放入桶中熟化数月。用挥发溶剂可以提炼出净油和一种气味浓郁的树脂。这种广藿香特有的气味大家都很熟悉：非常浓烈，其中带有木香、樟脑味、利口酒的气息和甜味。

芬芳珍露传奇

倩碧（Clinique）：它的名字已经说明了一切。这个美容品牌带我们进入的是一个清洁无味的世界，它之所以出名，就是因为提供了无香或是香味极淡的产品。而当这个品牌挺进香水圈时，它的成果如何，着实很令人好奇。看到这款香水之后，我们的感觉是，品牌是有意用门外汉的形象来做文章，而不是老老实实地随着香水圈人云亦云。在20世纪70年代，美国的香水风格普遍还是偏传统的，但横空杀出的芬芳珍露（Aromatic Elixir），其西普花香调立刻跟传统划清了界限。它的头香比较浓烈，其中广藿香展现的木香调有点发霉的气味，而它奇异的东方气息也颇为刺激。其后由丁香、芫荽和依兰组队则带出了近乎动物性的气味。用这款香水，的确有 *too much*（太过分）的感觉，完全没有折中迂回的余地。所以如果你回头看看那时（1972年）的美国，你就完全不会觉得惊讶，当时它遭到的争议为什么会如此巨大。

耳后两滴香

含有广藿香的香水

- 纪梵希，绅士（Gentleman，1974）
- YSL圣·罗兰，鸦片女士香水（Opium，1977）
- 回忆（Réminiscence），广藿香（Patchouli，1970）
- 蒂埃里·穆勒，天使（Angel，1992）

广藿香，是属于半上流社会的香氛。

玫瑰

Rosa centifolia L., *R. damascena* Mill. – 蔷薇科

花梢香露

蔷薇科大家族汇集了超过 140 个品种，简单来说，可以分为三大类：野生蔷薇、古代蔷薇和现代蔷薇。最后的这种，就是我们现在花园中经常种植的各种杂交品种。按照约定俗成的说法，所谓“古代蔷薇”指的是 1867 年已经存在的品种，其中一些已经种植了数个世纪，非常古老。而用于香水制造的两种玫瑰（Rosier，意为“蔷薇科植物”，下面的拉丁文学名中的两个品种中文植物学名称也均为“蔷薇”，与同属于蔷薇科的“玫瑰”并非一种植物。但香水领域已习惯此混淆而普遍使用“玫瑰”一词，故这里维持这一习惯译法。——译注）就属于这种情况。

如同名字中所点明的那样，大马士革玫瑰从前主要生长在这个城市及其周边。它也被用来繁殖了多个杂交品种，特别是“夏季大马士革”（Damas d'été）。它于公元 12 世纪被引进法国。百叶玫瑰也被称为普罗旺斯玫瑰，它从 17 世纪起衍生的一系列玫瑰品种主要出现在荷兰，有时我们也叫它“百瓣玫瑰”。在香水行业的专用语里，它的花朵被称为“五月玫瑰”。以上这两种玫瑰的历史的确非常悠久：在西方和中东，大约公元前 1200 年就已经有它们的种植记录了。

植物肖像

百叶玫瑰（*Rosa centifolia*）：

1.5米至2米高的落叶小灌木，有根蘖。弓形的花茎细长弯曲，上面长有复叶。花朵为圆形或似球形，花瓣极多，颜色粉红。

大马士革玫瑰（*Rosa damascena*）：

最高能长到2米的落叶小灌木，花茎上有很多粗壮的钩状皮刺，长有复叶。粉色的花朵在6月开放，花瓣数量也较多，气味香甜。

调香师们的玫瑰

五月玫瑰的种植曾成就了格拉斯地区的好时光。如今，昔日的光景已经凋零，只有香奈儿和迪奥等几个大品牌还依然守护着它不凡的气味品质。五月玫瑰的水蒸

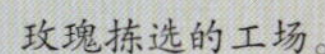
玫瑰拣选的工场。

馏萃取率比较低，无法制作精油，只能用来制作玫瑰水。所以它的花朵主要还是用有机溶剂来萃取，以制作浸膏，其萃取率为 0.2% 到 0.3%；然后可以再萃得 50% 到 70% 的净油。相反，大马士革玫瑰可以用来制作精油，但 3000 千克清晨手摘的玫瑰才能制得 1 升玫瑰精油。

耳后两滴香

含有玫瑰的香水

- 蒂普提克，影中之水（L'Ombre dans l'eau，1983）
- 玫瑰的复兴（Les Parfums de Rosine），玫瑰心（Rose de Rosine，1991）
- 阿蒂仙之香，玫瑰神偷（Voleur de rose，1993）
- 香水故史，1876（2000）

珍爱传奇

1990 年，索菲亚·格罗斯曼（Sophia Grojsman）为兰蔻调制了珍爱（*Trésor*）。这支甜美柔和的香水，因带有玫瑰的花香以及桃子的果香，与从前的香水产生了共鸣。由鸢尾和铃兰衬托出的粉香，也一定有它在这款香水中存在的意义。就像香水的瓶身一样，这个倒金字塔形的设计本身就是一件艺术品。如果有什么特别值得一提，那就是，经典自有其美。

玫瑰精油，指的是玫瑰的精华或“玫瑰阿塔尔”（阿塔尔，即 attar，指用花提炼的精油，经常用在 attar of rose 的表述中，表示玫瑰精油。——译注），它的香味主要来自香茅醇、牻牛儿醇和芳樟醇。

走，去看那玫瑰……

为迎接清晨第一缕阳光，花苞也静静绽放了。清晨开始到 9 点结束的采摘，傍晚 5 点会再次开始，一直到采摘完毕。采摘者需得小心花间的尖刺，因集中精力而显得神情肃穆，这在采摘其他花朵时是很少见的。采摘鲜花时，她们掀起的围裙用别针固定住，也露出了为防止蚊虫叮咬而穿的长袜。20 世纪初，皮肤晒黑还是不被看好的，所以采花女会把旧丝袜剪下来套在手臂上防晒。同样，她们也会用一块大头巾罩在头颈上，来维持脸庞的白嫩。[这一段文字的题目取自著名的法国诗歌“Mignonne, allons voir si la rose...”，作者是被法国人誉为“诗歌王子”的皮埃尔·德·龙沙（Pierre de Ronsard）。这是他写给他爱慕的少女卡桑德拉的一首情诗。——译注]

檀香木

Santalum album L., *Santalum austrocaledonicum* L., *Santalum spicatum* R. Br.– 檀香科

用来制香的木材

几千年来，檀香木身上围绕着一圈神秘的光环。埃及人将它用于木乃伊的制作；穆斯林将它点燃在逝者的足下，以陪伴他们往生的灵魂；在中国，或者说亚洲，檀香木通常作为建造寺庙的材料。而在它的母国印度，檀香木则被用在火葬仪式中：为达官贵人举行的火葬，一次就能消耗400千克的檀香木。如果再算上用来制作物件和家具（就像其他的芳香木材，檀香木也可以驱虫防蛀）的大量木材，就会拉响檀香木数量剧减的警报。现在，印度政府已不得不对这种珍贵木材的栽培和出口加以管控。

被过度采伐的木材

印度出产全世界70%的檀香木，迈索尔邦（Mysore）则是最为远近闻名的檀香木产地，相关的香水制造无不仰赖于它。不过，为了帮助缓解檀香木的数量减少，人们现在越来越多地使用其他的檀香木种类，比如新喀里多尼亚出产的 *Santalum austrocaledonicum*，以及澳大利亚的品种 *Santalum spicatum*。

虽然在四千多年前，檀香木就开始被人们了解和使用，但直到19世纪，它才跨进了香水世界。香水制造只能使用至少20年至25年树龄的树木，因为它们出产的原材料质量最适合入香。檀香树在成长过程中会积累油质，尤其是积累在根部；长成后总共可供开采70年至80年。提炼檀香木精油需要将从树干、树枝和树根取得的木屑粉末化，然后对木粉进行水蒸气蒸馏，这个过程

植物肖像

5米至10米高的常绿小乔木，树枝弯垂，对生窄叶呈卵形或披针状。树皮为褐色至浅红色，木材为淡绿色至浅白色。小花初为浅黄，后变红色。檀香木为半寄生或寄生植物，它依靠存活的植物种类超过300种。檀香木通过根蘖繁殖。

印度使用檀香木的方式还包括用它来熏制烟草。这种将檀香木化为青烟的方法所消耗的木材，也不可忽略不计。

一般要持续40小时至70小时。用檀香木提炼精油，一般直接在其原产国的简陋蒸馏作坊里进行，此外，中国和欧洲的现代提炼工厂也有生产。这种澄澈的精油，颜色一般为黄色到无色，基本不黏，有木香且气味香甜，很容易辨认。因为檀香木本身的背景，它自然会经常被用于带有东方香调的香水中，而且因为它的挥发性较低，也是相当有质感的尾调成分选项。

耳后两滴香

含有檀香木的香水

- 毕加索（Paloma Picasso），帕洛玛（Paloma，1984）
- 娇兰，圣莎拉（Samsara，1989）
- 阿蒂仙之香，白树森林（Bois Farine，2003）
- 露露·卡斯塔涅特，唯独为你（Just 4 You，2007）
- 雅诗兰黛，摩登都市（Sensuous，2008）

“自我”传奇

有时候，坚持才是成功之母。这一点对香水也适用。大家应该都记得“自我”（*Égoïste*）的广告里百叶窗一开一合的经典镜头，其间的配乐《骑士之舞》（*Danse des Chevaliers*）则来自谢尔盖·普罗科菲耶夫（Serguei Prokofiev）所写的芭蕾舞曲《罗密欧与朱丽叶》。所以让人误以为这款香水是相当新近推出的，但实际上它还是有些历史的。在它的发展谱系中，最初是由恩尼斯·鲍（Ernest Beaux）调制的“岛屿森林”（Bois des îles），它的知名度不高；其后，则由贾克·波巨（Jacques Polge）修改配方，以“黑森林”（*Bois noir*）为名重新推出。香如其名，这两款产品都具有强烈的木香。但写到这里我其实也是想委婉地表达，这两款香水都没有想象中那么成功。到了1990年，香奈儿重新审视了自己保留的样品，将这两款香水的配方做了修改，并使用一个更为耸人听闻的名字，这个名字显然更为符合其时大行其道的、高傲的个人主义潮流。于是，“自我”成功了！

当然，迈索尔的檀香木是最好的，但也最稀有。印度出产檀香木的地方还有Tamil Nadu、Kerala、Karnataka、Andhra Pradesh和Timor。此外，檀香木也是制作tilaka，就是印度妇女眉心的那个红点的原料。没有比它“更印度”的植物了。

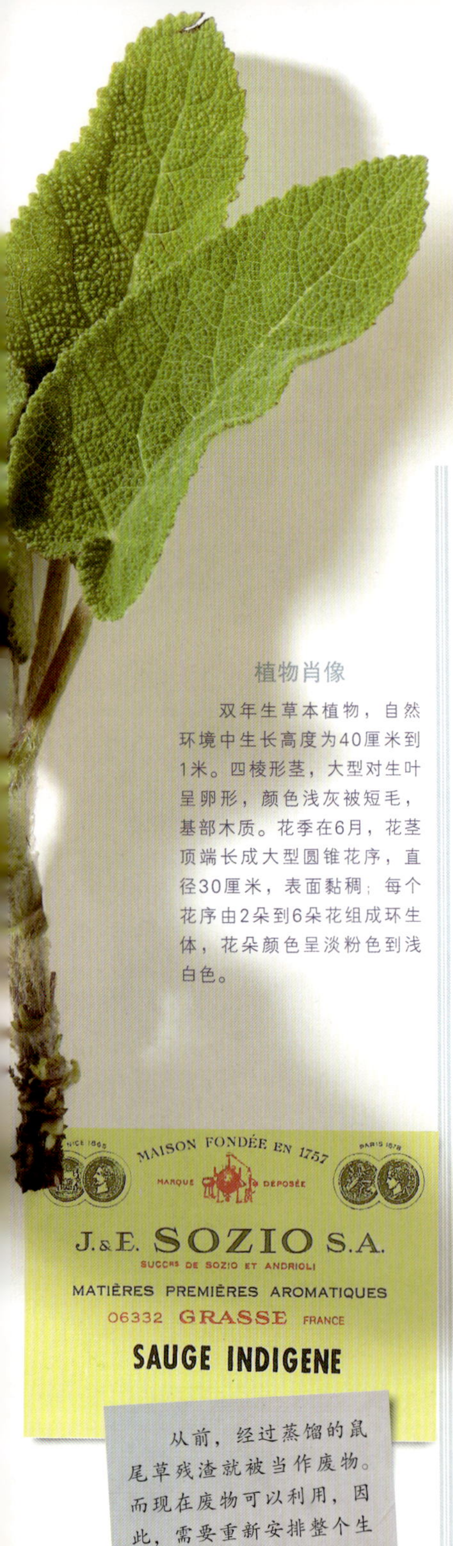

鼠尾草

Salvia sclarea L. – 唇形科

可持续发展的香料

植物肖像

双年生草本植物，自然环境中生长高度为40厘米到1米。四棱形茎，大型对生叶呈卵形，颜色浅灰被短毛，基部木质。花季在6月，花茎顶端长成大型圆锥花序，直径30厘米，表面黏稠；每个花序由2朵到6朵花组成环生体，花朵颜色呈淡粉色到浅白色。

从前，经过蒸馏的鼠尾草残渣就被当作废物。而现在废物可以利用，因此，需要重新安排整个生产流程。

拉丁名为 *Salvia sclarea* 的鼠尾草是一种在荒地和路边常见的植物。它原产于西亚的土耳其到叙利亚一带，以及南欧和中欧，之后它也在欧洲和美洲的诸多地区扎下了根。它有个著名的表姊妹，也就是拉丁名为 *Salvia officinalis* 的鼠尾草。虽然本文主角的功效没有后者那么强、效果那么明显，但它还是一直被用于传统医药学中。就像昵称为“好姑娘”（法语的 toute bonne，是鼠尾草的俗称之一。也有说这是 *Salvia sclarea* 的俗称。——译注）的后者一样，*Salvia sclarea* 鼠尾草也具有众多功效：解痉、助消化、强身滋补、缓解月经痛，还能治疗眼部感染、疖子、溃疡和肠胃胀气。

Salvia sclarea 味道比 *Salvia officinalis* 更苦，但也还是经常用于烹饪和饮料制作，比如，它可以给酒饮带来麝香风味，或是给味美思酒增加香味。从前，英国的一些啤酒种类也用它来替代啤酒花；它的花还会被拿来做油炸饼。鼠尾草家族包括了上百个品种，但只有 *Salvia sclarea* 被用在香水制造中。

来自上普罗旺斯

鼠尾草开花时就是收获的季节，采集来的花茎会被放置几个小时稍微干燥一下。之后，被捣碎的植物需经过水蒸气蒸馏以获得精油，其萃取率比较低，只有0.12% 到 0.15%。这种液体颜色为黄色至琥珀色，带有新鲜香草的柔和气息，留有持久的动物性后味，这一点颇令人感到意外。由精油可以再提炼浸膏和净油。提炼用完的植物花茎再经过水蒸馏，可以得到富含香紫苏醇（sclaréol）的浸膏，这种化学成分带有强烈的琥珀香气。香紫苏醇是制造“降龙涎醚”（Ambrox）这种商用化工产品的原料之一，后者因其生物可降解性而越来越受欢迎。它多被用于实用香型的制造中，为工业产品提供持久的琥珀香气。香紫苏醇也为香水世界带来了一场小小的变革：它可以完美地替代抹香鲸制造的龙涎香，在后者如此稀有的情况下，这的确意义非凡。鼠尾草产自上普罗旺斯阳光充足的田野上，是继薰衣草和杂交薰衣草之后，又一种产自该地区的芳香植物。

“旅行马队”传奇

爱马仕在奢侈品领域执龙头已有六代人之久，名声之大其实已经无须介绍。1837 年，蒂埃里·爱马仕（Thierry Hermès）定居巴黎时就选址在 Faubourg-Saint-Honoré 大街 24 号，现在这里依然是公司总部所在。起初品牌只是制造马具，之后开始制作成衣；爱马仕进入香水领域的时间比较晚，是在 20 世纪 60 年代。它们的香水会时不时地令人想到品牌自身的缘起，呼应它们与马及马具之间的密切关联，比如 1961 年的“凯来诗”（Calèche，法语意为“敞篷四轮马车”。——译注），1978 年的“亚马逊淡香水”（*Amazone*），还有 1974 年的“旅行马队”（*Équipage*）。“旅行马队”是该品牌推出的第一款男士香水，其中就使用了鼠尾草来展现与马相关的皮革、动物和稻草等元素。

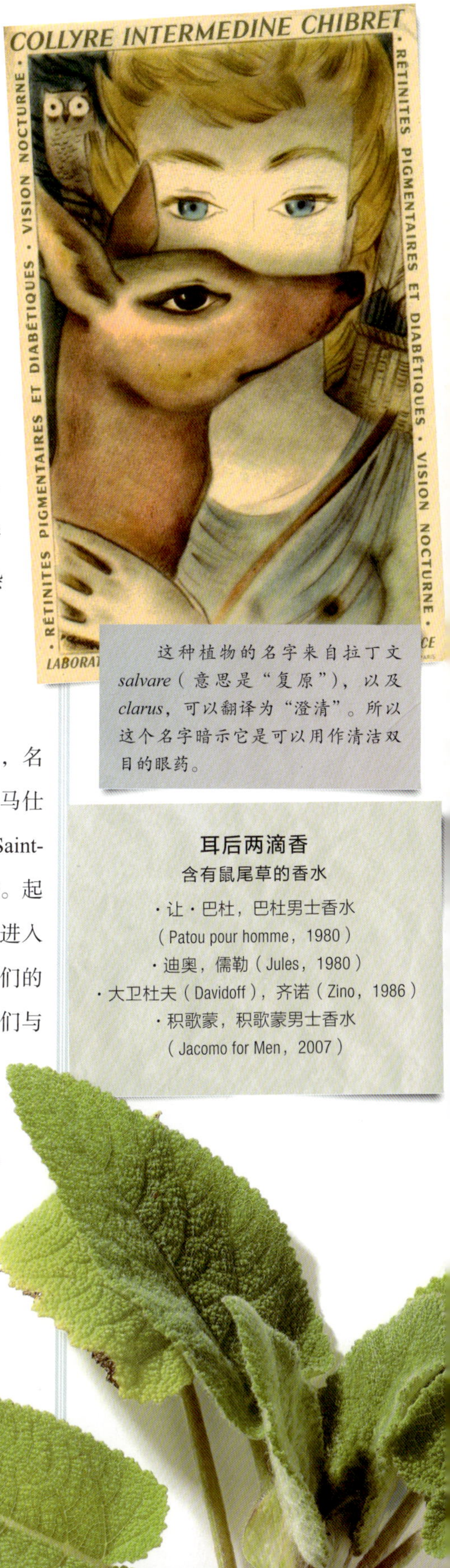

这种植物的名字来自拉丁文 *salvare*（意思是“复原”），以及 *clarus*，可以翻译为“澄清”。所以这个名字暗示它是可以用作清洁双目的眼药。

耳后两滴香

含有鼠尾草的香水

- 让·巴杜，巴杜男士香水（Patou pour homme，1980）
- 迪奥，儒勒（Jules，1980）
- 大卫杜夫（Davidoff），齐诺（Zino，1986）
- 积歌蒙，积歌蒙男士香水（Jacomo for Men，2007）

安息香属

Liquidambar orientalis Mill., *Liquidambar styraciflua* L. – 金缕梅科

最佳“枫”友

安息香属（*styrax*）植物包含若干种乔木和灌木品种，原产地大部分都在远东地区。这些树种的观赏性诚然很受肯定，但它们在药学、传统医学以及香料领域的作用显然更为重要。它们都出产树脂和香膏，但其数量和质量都参差不齐。这一系列树种的拉丁名称中，*liquidus* 意为“液体”，*ambar* 则代表“琥珀”，结合在一起就完美地诠释了这些树种能产树胶的形象。根据不同的情形，我们可能会使用 baume、résine、storax 或是 benjoin 等不同名称，来指代这种备受青睐的产品。

植物肖像

拉丁名为*liquidambar*的安息香树是一种高达25米至35米的大型落叶乔木，原产于北美。它也被称为“美洲枫香树”（Copalme d'Amérique）。它的掌状浅裂叶片拥有整齐的椭圆形边缘，长度为15厘米至35厘米。到了秋天，叶片会染上美丽的血红色，而后则转为橙色。果实为双裂片蒴果，包裹在一个直径2厘米至3厘米的带刺球体里，里面的种子有翅。

让安息香树流泪吧

4 月到了，采集安息香属树胶–树脂的季节也到来了，这个采集期会持续约 6 个月。人们在树干上进行切割后，树胶就会从切口流出来，在整个采集季，人们会不断地重复操作。流出的脂类被收到布巾里束好后，放进热水里沸煮以便分离树胶。褐色树胶（résine）的质地类似液体蜂蜜，散发出浓烈的香脂、香辛料、蜂蜜的气味，既有果香，又有动物香气。树胶经过水蒸气蒸馏后，可以萃取到比例相当高的精油，

安息香属的小世界

在地中海周边生长着一种拉丁名为 *Styrax officinalis* 的叙利亚安息香树；普罗旺斯则盛开着作为装饰植物的 *Styrax japonica*；法国各处都有 *Styrax styraciflua* 的身影，它的叶子在秋天会变成猩红色，美得十分耀眼。两个比较著名的品种 *Styrax benzoin* 和 *Styrax tonkinensis*，可以出产安息香脂。至于 *Styrax calamithe*，它是一种药用植物，18 世纪时由西方海军带回欧洲；它是软糖式药剂 Diascordium 的配方中用到的植物之一，也用在与之配合的疗法中。

有 10% 至 20% 之多。黄色精油气味比较持久，闻起来跟树胶一样，但更为浓烈。精油通过有机溶剂可以萃取到树脂（résinoïde）。使用这些复合物的香水一般都比较浓重，带有东方香调或是带有皮革香味。

琶音传奇

珍妮·浪凡于 1889 年创立了“浪凡”品牌。作为设计师的她，一直以自己的爱女为灵感源泉。她十分疼爱的女儿名叫玛格丽特，别名 Marie-Blanche；这也是品牌以“雏菊”为标志的原因。1927 年，为了庆祝女儿 30 岁生日，浪凡邀请调香师保罗·瓦沙（Paul Vacha）和安德烈·弗雷斯（André Fraysse）为女儿调制一款香水。

因为玛格丽特热爱音乐和歌唱，这支香水也选择了音乐词汇来描述它的气味：好像一段琶音（Arpège）。名字这么动听，而这段琶音也确实带来巨大的成功。由保罗·伊立博（Paul Iribe）设计的黑色球形瓶身上带有金色装饰，整体气质极为优雅。这款香水的基调便是安息香属树脂，并添加香荚兰、檀香木和香根草加以衬托。

简单地说，*styrax* 也指代安息香属树木的树脂。据普林尼（公元 1 世纪）所写的《自然史》中记载了两个品种，一种是名为 *Styrax orientalis* 的塞浦路斯安息香，或称奇里乞亚（Cilicie，位于今日土耳其东南部，曾经是罗马帝国贸易繁盛的地区。——译注）安息香；另一种是名为 *Styrax officinalis* 的叙利亚安息香，或称 aliboufier。

耳后两滴香

含有安息香属树脂的香水

- 娇兰，一千零一夜（Shalimar，1925）
- 香奈儿，岛屿森林（Bois des îles，1926）
- 爱马仕，大地（Terre d'Hermès，2009）
- 迪赛（Diesel），勇者无畏（Only the Brave，2009）
- 梵克雅宝（Van Cleef & Arpels），午夜巴黎（Midnight in Paris，2010）

它来自东京

越南安息香是一种高度接近 35 米的大型乔木，主要生长在泰国、越南北部和老挝。它所出产的树胶 / 脂（gomme-résine），也就是安息香，传统上用来做烟熏以清理气管，也用作祛痰和灭菌剂，以及制作治疗皮肤病和愈合瘢痕用的药膏。如同所有其他的安息香一样，它被用在香水中作为定香剂，也能为香水贡献香荚兰、焦糖和皮革的香味。（原文标题中的 Tonkin，也就是“东京”，是越南河内市的旧称。——译注）

晚香玉

Polianthe tuberose L. – 石蒜科

绝非善类

晚香玉的13个品种全都来源于墨西哥。16世纪起，西班牙殖民者将它带回了欧洲，然后它又继续被传播到亚洲。晚香玉喜光、怕冻、怕干旱，所以种植在格拉斯地区，不只是因为那里的气候温和，也是因为它醉人的香气太过特殊，只有香水业者喜闻乐见。晚香玉于1670年前后从意大利引入欧洲。到20世纪初，法国大约每年能收获20吨晚香玉鲜花，主要来自格拉斯地区：比如佩戈马（Pégomas）、穆昂萨尔图（Mouans-Sartoux）、穆然（Mougins）、奥里博（Auribeau）、佩梅纳德（Peymeinade），它们都位于夏涅河（Siagne）凉爽的岸边。后来这个数量甚至达到了100吨，但在今天已经不可想象——如今每年收成不到1吨。大型的种植基地已经挪到了埃及、印度、中国、摩洛哥和科摩罗群岛。

她令你目眩神迷

晚香玉的花朵像茉莉花一样，被采摘之后还能维持两天的花香。

在地中海周边，晚香玉的花期春天就已经开始，但要等到8月，它才会达到自己的鼎盛时期。采集花朵一般在清晨，这正是花冠张开的时候。从前，人们要获得晚香玉的天然香气精华，需要采用油脂冷吸法；如今因为技术的进步，可以通过挥发性溶剂进行提炼。由此可以获得浸膏，不过萃取率极低，只有0.12%至0.18%。浸膏呈坚硬的蜡状，颜色为褐色到深棕。之后可以进一步提炼出40%的净油。

植物肖像

多年生草本植物，生成莲座叶丛的狭长叶片到顶端逐渐变窄。夏天到初秋时节挺立而起的高大花簇可达到1.2米。花簇上结有约30朵乳白色的花，管形花朵在花冠顶端张开，露出金黄色的雄蕊。花朵最初的品种有6个花瓣，但人工种植的品种“珍珠”（The Pearl）有多层堆叠的花瓣，花瓣数量可达24瓣。晚香玉的花香十分醉人。

晚香玉及其产品气味都很浓烈，所以不管什么时候，它身上都环绕着某种神秘光彩，还给人一种隐隐的焦虑感。爱弥儿·左拉的小说《娜娜》中曾提到，晚香玉在腐烂过程中会产生类似人的体味。还有一种迷信的说法认为，晚香玉的香气会令孕妇不适。在意大利，人们禁止少女在晚香玉盛开的花园里散步，认为她们肯定会因花的香气而丧失理智。这条禁令对男青年同样适用，因为这种花香可能会施展一种催情的功效将他们迷醉。

撇开这些广为传播的迷思不谈，使用晚香玉的气味时确实得在分量上相当讲究，方法更要精准。

晚香玉又被称为“印度风信子”，最早是在1530年，一个法国传教士将它的球茎带回了欧洲。这位传教士将之后声名狼藉的晚香玉种在土伦附近一个修道院的花园里。

耳后两滴香

含有晚香玉的香水

- 罗莎，罗莎夫人（Madame Rochas，1969）
- 卡地亚，猎豹（Panthère，1987）
- 芦丹氏，罪恶晚香玉（Tubéreuse criminelle，1999）
- 阿蒂仙之香，晚香玉之夜（Nuit de tubéreuse，2010）

毒药传奇

这款名为迪奥奇葩（*Poison*）的香水诞生于1985年，调香师是迪奥的香水总监莫里斯·罗杰（Maurice Roger）。这款已经成为神话的香水，无论穿戴在哪个女人身上，都会自然启动她身体里隐藏的小恶魔，让她施展出最致命的魅力。香水瓶身不透明的深紫已经近乎黑色，形状则仿佛迷人女巫递出的一个毒苹果。至少，这并不是那个身体里潜藏了魔鬼的破坏者夏娃送给亚当的禁果。香水中的香辛料、麝香和琥珀带出了厚重的香调，而晚香玉则绝对令人晕头转向。这个组合无论如何都会让人失去理智，忘掉规则，却必然冒着清醒后承受痛苦的风险。好在这都只是一场游戏。好吧，至少我们希望是。

有个小故事讲道，路易十四的情妇德·拉瓦利埃尔夫人听有传言说她怀了国王的孩子，便在房间里放上成束的晚香玉，以平息流言，因为这种花的香气以能令孕妇严重不适而知名。

香荚兰

Vanilla planifolia Andrews, *Vanilla tiarei* Const. & Bois *Vanilla pompona* Schiede – 兰科

献给制香业的兰花

香荚兰可以用来给可可类饮料增添风味。敢于这样创新的首先是玛雅人，然后是阿兹特克人，但是只有他们的邻居，也就是托托纳克印第安人才掌握了香荚兰的栽培技术，将它们成功地种植在了墨西哥湾的沿海平原上。16世纪时，西班牙人将香荚兰带回欧洲，但因为气候寒冷，一直无法成功种植这种热带作物，所以美丽的香荚兰只能在植物园的温室里安家。于是，墨西哥对香荚兰生产的垄断一直持续到19世纪中期。与此同时，欧洲人一直试图在其他位于湿热地带的殖民地繁殖香荚兰，但无不以失败告终。路易十五也曾几次尝试，想把这种珍贵的兰花引进波旁岛，也就是现在的留尼汪，但都没有成功。直到1836年，才由查尔斯·莫伦（Charles Morren）在比利时的列日（Liège）植物园首次成功实现了香荚兰的人工授粉。另外，由于埃德蒙阿尔比斯（Edmond Albius）的观察结果（他在12岁时就发现了如何给香荚兰手工授粉，这是当时技术上的重大突破），才令波旁岛上的香荚兰种植取得了飞跃性的进步。到了19世纪80年代，留尼汪岛上的生产者将香荚兰带到了马达加斯加，第一批种植园便出现在贝岛（Nossy-bé，临近马达加斯加西北岸的岛屿，是马达加斯加最大的旅游度假胜地。——译注）上。很快，这里的香荚兰生产就对留尼汪形成了补充。香荚兰非常适应此地的气候，所以每过几年就会出现生产过剩的情况。

植物肖像

柔软的藤本植物，生长高度可逾10米，枝杈极少，节子上生有气根。互生全缘叶片表面平展，呈长卵形，到尽头变尖。花朵为白色、浅黄色或淡绿色，成小束生于叶腋。果实为下垂的长形荚果，长度12厘米到25厘米，包含几千粒极小的种子。

耳后两滴香

含有香荚兰的香水

- 娇兰，满堂红（Habit rouge，1965）
- 卡地亚，Must（1981）
- 卡尔文·克莱因，卡雷优迷恋香水（Obsession，1985）
- 卡夏尔，歌咏爱神（Amor Amor，2003）

又干又丑又皱

进行人工授粉之后再等6个月至14个月，就可以

对香荚兰进行收割了，而这时它的荚果还是绿色且无臭的。这时人们会对荚果进行干燥高温处理，或是浸入65℃的热水中，以快速停止它的成熟进程。第二阶段通过焖烧的方式给果实加以湿热高温，促使其发酵。最后再对其进行干燥，以便将其湿度降至25%到35%。

这时的荚果已经变黑、干枯和发软，同时也形成了芳香分子；我们甚至可以观察到荚果表面形成的香草醛结晶。这时的荚果被捣碎后，可用有机溶剂进行提炼。此外，我们还可以制备酯剂、酊剂和浸剂，获得一些“柔软”的萃取物，它们都可以被用在香水制造中。

香荚兰中香气最浓郁的品种（世界上存在超过110种香荚兰）源自南美洲。质量最好的品种则是产自留尼汪岛上的波旁香荚兰（Vanille Bourbon）。

哈巴尼特传奇

从前，香荚兰精华是用来为雪茄和烟草提香的。这样做，首先是为了给吸烟增加一份高雅的情趣，但也是为了遮盖其烟雾的不良气味。

在疯狂年代（Les années folles，指第一次世界大战后的20世纪20年代，截止于1929年的金融危机。这一时期因为经济增长、社会思潮解放、文化艺术蓬勃发展，被美国人称为黄金20年代，法国人则称之为“疯狂年代”。——译注），法国正在发生暴风骤雨般男女平等运动，而社会也在推波助澜，放大女子解放的观念，可怜的男人们就成了这个现象的炮灰。由品牌慕莲勒推出的香水“哈巴尼特”（*Habanita*）就诞生于1921年。这款香水最初是用来浸湿卷烟纸的，1924年开始放在香水柜台出售。它的气味混合了香辛料、麝香、香荚兰和柑橘：这个组合使它被冠名为当年“世界上气味最持久的香水”。

如今，香荚兰的主要产地包括马达加斯加、科摩罗、留尼汪、大溪地、墨西哥和爪哇。拉丁名为 *Vanilla pompona* 的凡立龙香荚兰，或称大香荚兰，则产自拉丁美洲的瓜德罗普岛。

马鞭草

Aloysia triphylla Britton – 马鞭草科

柠檬的替身

从马鞭草中，我们可以获得带有柠檬香的美好气味，而且众所周知，用它做汤剂对健康也有益处。但马鞭草和马鞭草也有不同；更准确地说，它有三个不同的植物学类别是用在医药方面的。首先是拉丁名为 *Verbena officinale* 的药用马鞭草，或称野生马鞭草，这种是在法国乡间很常见的植物，也是法国药典中的经典植物之一。这种神奇的植物能为人类贡献它的花朵来制作退烧、利尿和收敛性的汤剂。

我们都不太了解花园里一种名为“香青兰”的茶，它的拉丁名是 *Dracocephalum moldavica*。芳香疗法爱好者知道，无论是它的精油，还是单纯用它的叶子制作的浸剂，都有收敛、滋养和祛风的作用。再回头看看我们的花园吧：这里种植着柠檬马鞭草，这是一种常绿叶小灌木，可以用在香水制造中。它原产于秘鲁和智利，直到 17 世纪才被西班牙人带回欧洲。为了满足市场需求，如今它在法国和非洲马格里布地区都有种植，此外，它的产地还有印度、安的列斯群岛和留尼汪岛。

植物肖像

2米到3米高的落叶小灌木，枝杈众多。全缘叶片形状狭长，在顶端变尖，表面粗糙，叶片明亮的绿色中略带金色。叶子每三片为一组，带有浓烈的香气。花季在仲夏，花簇上花朵小而分散，颜色从粉白到淡紫不等。

耳后两滴香

含有马鞭草的香水

· 倩碧，芬芳珍露（Aromatic Elixir，1971）
· 三宅一生（Issey Miyake），气息（A Scent by Issey Miyake，2009）
· 第八艺香（Huitième Art），蔚蓝琥珀（Ambre céruléen，2012）
· 蒂埃里 · 穆勒，异型时尚艺术（Alien Aqua Chic，2012）

最爱它的柠檬味

要获得马鞭草精油，须将它连枝带叶一起进行水蒸气蒸馏，萃取率在 0.07% 至 0.12%。精油是清澈的黄色液体，时间长了之后颜色会变深；它散发出一种与柠檬相近，又带有草本植物气息的美好味道。马鞭草精油经常被用于工业产品以及香水制造：用在古龙水和香水中时，经常被当作柠檬精油的替代品。我们也可以从精油中萃取到硬质蜡状的浸膏，颜色为翠绿到深绿（萃取率在 0.3% 左右）；还可以萃取到质地稠厚、黏腻的深绿色净油，它有柠檬醛的气味，还混杂着带有强烈辛香料气息的香调。

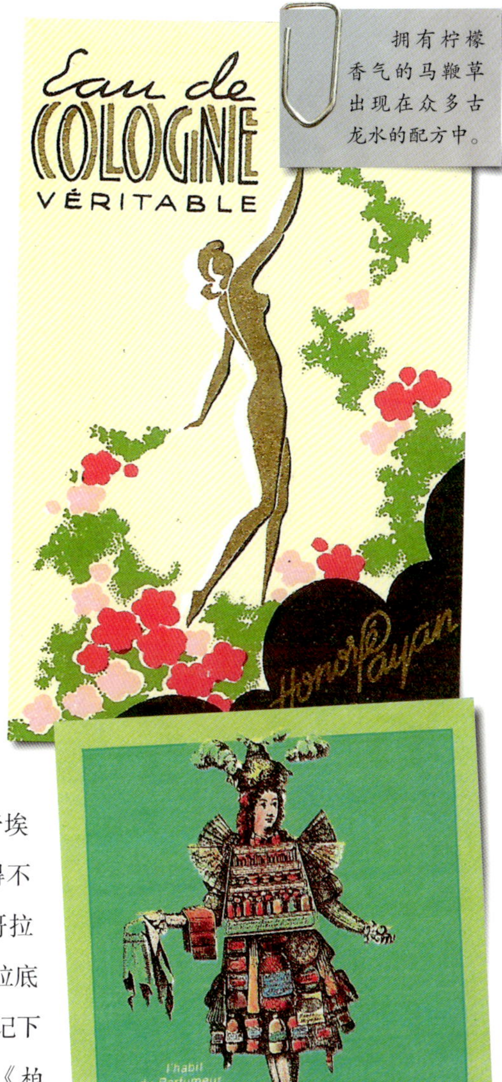

拥有柠檬香气的马鞭草出现在众多古龙水的配方中。

只有三叶马鞭草、秘鲁马鞭草、阿拉伯茶、路易草……也就是说，只有柠檬马鞭草（以上皆为它的别名）才会被用于香水制造。

马鞭草和无花果传奇

诚实地讲，品牌本身的故事比这款香水（名为“*Verveine Figuier*”。——译注）更有趣一些。这款香水的成分中，马鞭草绝对是主角，其次才是用无花果木衬托出的柑橘香气。但为什么香水的品牌选用“斐多”（Phaedon）这样一个名字呢？对于外行人来说会不会太过神秘了？这当然是因为品牌的两个创始人都是古代文化的爱好者。斐多生于埃利斯，当家乡被攻占时，他沦为奴隶，并不得不身陷妓院。之后，因缘际会，他先是被毕达哥拉斯学派的菲洛劳斯收为门徒，后来又得拜苏格拉底为老师，见证了后者人生的最后时刻。是他，记下了哲学家慷慨赴死之前的遗言（这里提到的是《柏拉图对话录》中的《斐多篇》，文中有斐多转述他的老师苏格拉底在饮毒酒赴死前关于生死等内容的谈话。——译注）。你看，我说过这个香水品牌比较适合有学问的人。

小窍门

柠檬马鞭草非常抗旱，不怎么需要浇水。一般在花园中种植的马鞭草迎来收获期时，园艺师会建议提前 15 天停止浇水，以便让它在最大程度上释放香味精华。这其实是利用了植物应对缺水的措施。

香根草

Chrysopogon zizanioides Roberty – 禾本科

假冒广藿香

香根草原产于亚洲的斯里兰卡、印度和巴基斯坦，之后其生长范围扩大到泰国、缅甸和柬埔寨。留尼汪、美国和巴西也引进了香根草，以进行大规模生产。

对于产地的老百姓来说，这种大型禾本植物从来都是铺盖屋顶、遮阳避雨的好材料；它也是一种医用植物，还能为家畜提供饲料。因为其根系十分发达，近年来它也被用来减少水土流失，净化土地污染，以及对抗盐水对耕地的侵蚀。在香水制造方面，香根草精油也十分有名。

一切尽在根系中

香根草生长了两年到三年的植株就可以供采集，人们将采来的根粗切后进行干燥，然后用水蒸气进行萃取。这个处理过程很简单，种植地村庄里就可以安装简单的设备进行操作。但大规模的生产还是需要现代化的工厂，这种萃取一般在美国、马达加斯加和留尼汪等地进行。萃取率根据使用的方法和根部的年龄不同有所变化，但总的来说都不高，在 0.5% 到 2%。萃得的黏稠精油褐色中略带红色，散发着土地和根茎所特有的气味。用有机溶剂可以萃得树脂，将树脂再进行石油醚提炼，可以获得 75% 到 90% 的净油，萃取率相当之高。从香根草中提炼出的产品一般用于西普香调的香水，男香和女香都会用到这种净油。

大溪地的见证实录

大溪地的情况并不鲜见，因为贫穷国家的历史都多

植物肖像

根系发达的多年生草本植物，地上部分密集丛生，高度可达到1.5米到2.5米。其根系向下发展，深度可达2米，所以它也被用作水土保持植物。叶片极为细长，韧性很强，叶缘略锋利，叶中带有清晰的中心叶脉。通过分株方式繁殖。

杂草的种类也繁杂

我们探讨的香根草其实应为复数，因为这个词实际上指代了同一属的几种不同植物，它们是 *Chrysopogon nemoralis*、*Chrysopogon nigritanus* 和 *Chrysopogon zizanioides*。其中最后一种最为著名，它同时还有其他的古名，比如 *Vetiveria zizanioides*、*Anatherum zizanioides*、*Andropogon muricatus* 和 *Andropogon squarrosus*。再多说一句，有时我们还会看到它旧时的写法“vétyver”（用 y 而不是 i）。

有三个产地的香根草最为出色，分别是留尼汪的波旁香根草、爪哇香根草和大溪地香根草。在所有出产香根草的国家，这种植物都被用在传统的房屋顶棚上遮蔽风雨。

少与西方社会过度浪费的生活方式联系在一起。大溪地的香根草在全世界非常有名，而这个地区跟这种植物的关系密不可分。香根草养活了近 3 万个小生产者，他们在地势陡峭的小块土地上进行种植，并没有使用现代化的种植手段。他们的生产是完全无序的，收成也很不稳定，如果碰到国际价格不好的时候，他们也无法为自己争取到优势地位。香根草是大溪地必不可少的收入来源，但这个地区受到了不少盘剥，真是让人感慨啊！大溪地出产的香根草主要向瑞士、法国和美国输出。

娇兰的香根草传奇

直到今天，还是有一种自然的倾向，就是区分一款香水是男用还是女用；而一些香水品牌也在试图消灭这种界限。尤其是现在，混合性别或男女通用的香水更容易被市场接受。1959 年，娇兰品牌推出了它们的“伟之华”（*Vétiver*）男士香水，像卡纷（Carven）的香水“Vétiver”一样，它们都被看作海员古龙水，主要用来为男士剃须后的脸颊增加清爽感。直到 2007 年，娇兰才推出了香根草女士香水（ *Vétiver pour elle* ）。

耳后两滴香

含有香根草的香水

- 慕莲勒，哈比纳塔（Habanita，1921）
- 卡纷，香根草（Vétiver，1957）
- 兰蔻，是我，（/ô 1969）
- 姬龙雪（Guy Laroche），黑色达卡（Drakkar noir，1982）
- 爱马仕，印度花园淡香水（Un jardin après la mousson，2008）

紫罗兰

Viola odorata L. – 堇菜科

林下掩映的低调美人

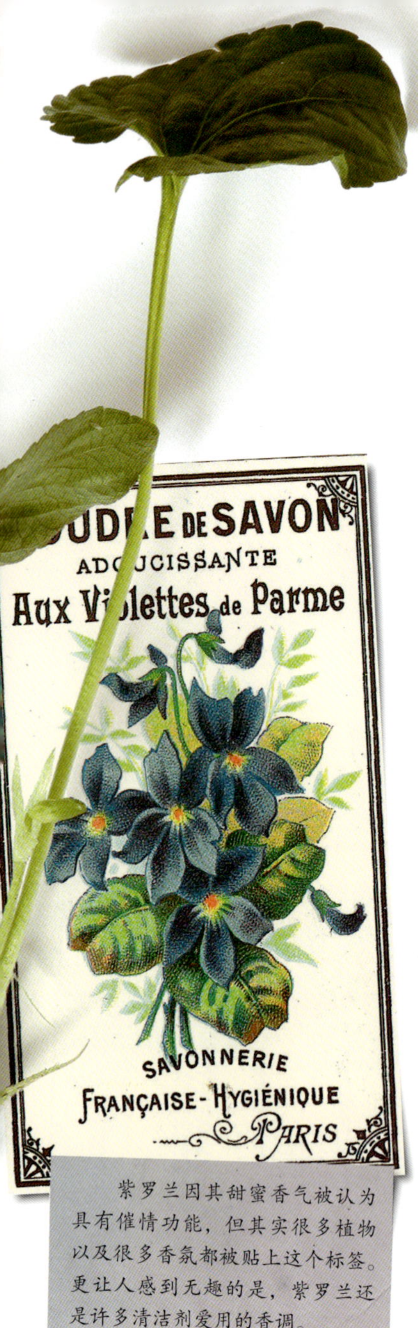

紫罗兰因其甜蜜香气被认为具有催情功能，但其实很多植物以及很多香氛都被贴上这个标签。更让人感到无趣的是，紫罗兰还是许多清洁剂爱用的香调。

古时候，紫罗兰就已广为人知，但从18世纪起，人们才开始大面积种植这种植物。从此，紫罗兰就主要出产于两大地区性的核心城市，一是图卢兹，一是阿尔卑斯滨海省的卢河畔图尔雷泰。

紫罗兰与蓝色海岸

1755年前后，帕尔马紫罗兰开始在蓝色海岸安家。它是甜香堇菜的一种，用园艺家的术语来形容，它“非常多倍”，意思是指它的花瓣极多，而园艺业者也在不断加强这一特点。起初紫罗兰在香水圣地格拉斯地区种植，到19世纪中叶开始向东扩展，来到耶尔地区和瓦尔省及其周边地区。此时的紫罗兰开始从种植转向为鲜切花服务，这还带动了小型花卉欣赏的需求。这一文化传统一直到20世纪六七十年代都很受欢迎，今天人们仍能感受到它曾经的辉煌，因为随着巴黎–里昂–地中海铁路线的开通，紫罗兰的美丽小花还出口到了海峡对面的英国。

图卢兹，紫罗兰的家园

人们开始在图卢兹地区种植紫罗兰的时间已不可考，专家则倾向于认定为1854年。最早的种植园位于城市北边，从那里蔓延开来。种植的市镇包括欧康维尔（Aucamville）、圣约里（Saint-Jory）、圣阿尔班（Saint-Alban）、洛纳盖（Launaguet）、拉朗德（Lalande）和卡斯泰尔吉内斯（Castelginest）。种植者会直接到他们所在市镇中心的大街上，或是雅各宾紫罗兰市场出售鲜

植物肖像

多年生草本植物，茎部生成长节蔓，节处生根繁殖，可蔓延成地毯般的大片植株。单叶呈卵形或心形，叶柄粗大。五瓣花朵呈紫色、蓝色或白色，开花季在2月到5月间，香气淡雅。

花。1908年，人们组建了一个有趣的协会，称为“紫罗兰与洋葱合作社”。这是属于图卢兹紫罗兰的黄金时代，当时有超过600个生产者参与其中，出产的鲜花出口到整个欧洲，甚至远销俄罗斯。直到1956年，严重的寒潮给这个繁荣的行业带来致命一击。幸而紫罗兰有80个品种之多，加上温室种植的普及，当地还建立了一所博物馆，这些多少为当地保留了种植紫罗兰的传统。

叶与梗

摘取4000朵花冠才能得到1000克鲜花，这的确得耗费相当多的手工劳动。何况还有竞争对手鸢尾的存在，它那讨厌的根茎居然闻起来像紫罗兰一样。所以，小小的紫罗兰花就不得不退出香水的舞台。但它的花朵还会被用于制作花束和糖果（著名的紫罗兰糖花），香水业者则满足于用它的茎和叶。这些茎叶可以用有机溶剂提炼成浸膏（萃取率为0.13%），而后再提炼成净油（萃取率达35%至60%）；后者呈美丽的绿色，但还得先脱色才能用来调香。

绝对紫罗兰传奇

紫罗兰香水确实有点过时的感觉，因为它是以前香手帕上的气味，也是祖母曾经活泼欢悦的年轻时代所拥有的气味。还有比香邂格蕾这个品牌更能代表那个时代的吗？它是我们传统的一部分，每个人都能从中找到与自己的“个人定位”（为了用个时髦的说法）相呼应的地方。看看香邂格蕾经典的香皂和诞生于1879年的方形盒子就知道，从开始到现在，这个品牌几乎不曾变样。它很早就投身香水领域，推出了三款礼赞紫罗兰的香水：“帕尔马紫罗兰”（*Violette de Parme*，1880）、“琥珀紫罗兰”（*Violette ambrée*，1881）和“绝对紫罗兰”（*Vera-Violetta*，1893），最后一种是香邂格蕾最成功的香水佳作。

卢河畔图尔雷泰仍在继续种植紫罗兰，目前当地有大约15个家庭共同从事相关生产。

耳后两滴香

含有紫罗兰的香水

· 让 · 巴杜，1000（1972）
· 娇兰，熠动香氛（Insolence，2005）
· YSL圣 · 罗兰，巴黎恋人女士香水（Parisienne，2009）
· 都彭（S.T.Dupont），蒙田大道58号女士香水（58 Avenue Montaigne pour Elle，2012）

依兰

Cananga odorata Hook J.D. & Thomson – 番荔枝科

甜蜜而性感

植物肖像

高达20米至30米的大型乔木，人工种植的高度一般在2米至4米。对生常绿叶，叶片质地较韧，长10厘米至20厘米，宽4厘米至8厘米，叶脉极多。花序单生于叶腋或成簇，每朵花长有6个长花瓣，颜色先白后黄；花朵下垂，花瓣呈狭长带状。花朵带有浓郁的香辛气味，椭圆形果实内含有6颗至12颗浅褐色种子。

耳后两滴香

含有依兰的香水

- 让·巴杜，喜悦（Joy，1938）
- 卡夏尔，露露（Loulou，1987）
- 迪奥，沙丘（Dune，1991）
- 卡地亚，美丽佳人（So Pretty，1995）

在菲律宾的热带丛林里，依兰因它的浓郁香味成了当地居民的“小确幸”，人们对依兰的商业开发是比较近代的事情了。据史料称，有个名叫阿尔伯特·史温格（Albert Schwenger）的人，曾在自己的国家当过海员；1860年前后他开始在马尼拉进行依兰的蒸馏工作，经常拿着他的小型移动蒸馏器在树林里穿梭。他的尝试收效迅速，于是也带动了法国在印度洋所有属地上大规模种植依兰，特别是在留尼汪、马达加斯加附近的贝岛（Nossi-Bé，现在写作“Nosy-Bé”），以及科摩罗群岛中的昂儒昂岛（Anjouan）、马约特岛（Mayotte）和大科摩罗岛。如今，大部分依兰种植园仍集中在科摩罗群岛上。

花瓣上的一点

采集依兰花得具有吹毛求疵的精神，因为若有几朵花稍微受损，整批花朵都会遭到牵连。采集时间一般从清晨到上午9点，因为此时依兰花能达到它香味的顶点。这时的花朵是开放的，但尚未完全绽放，花瓣底部的内侧还会出现一个点。在马达加斯加的某些地区，全年都可以采得依兰；花朵出产的高峰则介于5月到12月之间，也就是在当地的旱季。

依兰主要用来生产精油，要得到依兰精油，需要进行几次蒸馏，这一过程总共需要12小时到20小时。其精油颜色为亮黄色至深黄色，甜美的花香中带有香脂气，闻起来性感无比。蒸馏的不同阶段萃取到的精油质量也有区别，比如蒸馏开始半小时获得的精油被称为

据报道，20世纪初期的留尼汪岛上有超过20万棵依兰树供采集依兰花。可惜这片规模庞大的种植基地后来被多次台风彻底摧毁。

"超高级品"（extra S 或 extra supérieur），之后1小时内萃取获得的是"高级品"（extra），紧接着就是一级品、二级品和最终的三级品。最后两个等级的浓度最低，在化妆品领域一般用来制作香皂和洗洁剂。

岛屿森林传奇

感谢可可·香奈儿，是她打破了传统的女性标签，提供了新的可能性；她为女香引入了男性元素，模糊了两性的边界，开创了某种意义上的"雌雄同体"，这也间接重塑了我们今天的社会面貌。在她之前，木香调那种带有遥远殖民地印象的香气，充满着冒险者和指挥者的气味，多是男性阳刚气质的写照。但1926年由恩尼斯·鲍（Ernest Beaux）调制的岛屿森林（*Bois des îles*），则将一个由木香主打的世界奉献给了女性。如今，这款香水已经成了经典的中性香。其中囊括了零陵香豆、依兰、檀香木、香荚兰和香根草的味道，如果确实需要彰显自己的个性，每个人都可以自主决定如何用它突出自己的特点。

嗅觉不够灵敏的人也能轻易闻出娇兰"圣莎拉"里的依兰香气。

马约特岛

依兰是马约特岛（Mayotte）上最主要的种植作物，依兰的出口也占到了岛上商品出口量的85%。因此，我们可以想象，为什么马约特岛的徽章上会有两朵依兰花。试想，100千克鲜花才能提取2000克品质等级不同的精油，1棵树在每次采集时可出产3000克至4000克鲜花，由此可以推测出岛上种植园大致的总体规模。现在，总共有380个生产者从事依兰种植，总种植面积达5平方公里。

香豌豆的气味主要由铃兰香和一些清香构成，后者主要是用乙酸正丙酯（Acétate de propyle）或甲基苯基醋酸甲（Acétate de styralyle）合成的。

香氛再造

无法攻破的顽固派

不管香水业者怎么努力，有些花就是吝啬付出，就算它们本身能散发很浓的花香，人们也没办法轻易从它们身上得到萃取率令人满意的香精，甚至根本提炼不出。于是香水业者不得不使用天然或化合的成分重组这些花的香气，也就是组合十几种气味进行所谓“再造”。因此我们就可以想象，这种再造取决于香水业者对香氛如何进行演绎，而他们每个人都会给出自己的气味演绎成果：所以，有多少相关从业者，就会有多少不同的天芥菜或丁香花香味。此外，这种手段也会被用在那些比较容易提取精油的花朵上，比如玫瑰、铃兰或紫罗兰；因为用其他原料重塑这些香味，成本往往更低廉。因此，“再造”系列中也就包括了铃兰、玫瑰、丁香花、康乃馨、紫罗兰、香豌豆、风信子、栀子花、忍冬、海桐花、山梅花等。

以康乃馨为例

人们以前使用康乃馨精油，就是因为康乃馨很好闻。但在香水领域，因为品位和认知的变化，这种精油已经不适应时代的潮流了。于是，人们开始再造康乃

为了模仿紫罗兰的香气，我们首先得有合成分子“紫罗酮”（ionone）。但这种过程不属于“再造”，因为紫罗酮的味道跟紫罗兰一样。但我们可以创造性地添加一些紫罗兰叶的精油，为配方增加一抹清香调。

有许多花朵无法萃取精油，比如丁香花。

馨的气味，在里面加上新鲜玫瑰，为其增加一抹玫瑰气息，但这种玫瑰气息可能也是再造的产品；我们也可以给精油加入丁香中的丁香酚，或者香草醛、茉莉、胡椒醛、芳香树胶等。还可以更个性化一些，让它带上一点蜂蜜、橙子、柠檬的味道，或是清香调。鼻子敏锐的人能分辨出许多不同的变化，比如，可以区分出娇兰所用的康乃馨［用于“雨后阳光”或“蓝调时光”（*L'Heure bleue*）中和科蒂（用于牛至中）所用的康乃馨味道不同，甚至跟莲娜丽姿用于“比翼双飞”（*L'Air du temps*）］中的康乃馨也不同。

长久以来，香水业者通过组合业已存在的气味来重现这种或那种花的香气。但直到最近，也就是20世纪80年代前后，他们才能真正开始“定制”香氛，并无限次地将这些香氛进行准确复制。

合成时代

从15世纪开始，香水业者就能将几种精油进行组合，以调制出他们想要的香水。19世纪末，由于有机化学的巨大进步，合成法登上了香水制造的历史舞台。1854年，威廉·亨利·珀金爵士（Sir William Henry Perkin）首次发现苯胺可以生成着色剂。1870年出现的香豆素和它如刚收割的青草般的著名香气，引领香水行业的新革命。从这个时期开始，香水业者便同时拥有了天然精油和合成香精。到20世纪60年代，合成产品在香水制造成分中的份额继续不断提高，人工麝香就是这一时期的典型代表。

作者简介

塞尔日·沙 1958 年生于法国马赛。他曾云淡风轻地描述说，自己不知不觉就获得了农学的工程类博士学位。这个学位是由蒙波利埃国立高等农学院，以及位于蒙波利埃的朗格多克科技大学联合颁发的。

毕业后，他就带着一份乏善可陈的简历和初生牛犊的勇气，投身于茫茫的职场海洋。他先后担任过试管培植实验室的主任和苗圃的市场总监。从十几年前开始，他决定给自己开辟一条新路，就是让自己掌握的知识为大众所用。所以从那时起，他就与数个园艺领域的专业期刊达成了长期合作，经常编辑与植物和园艺相关的书籍。

即便离开科研机构多年，他的研究和写作方式仍旧保持着严谨、公正的科学色彩；而他在普罗旺斯和蓝色海岸地区亲自耕耘三十多年来积累的园艺学经验，则给他的学识增加了脚踏实地的“农民”气息。更可贵的是，他一直清醒地坚持着这样的原则：把工作当回事，但不要把自己当回事。从青年时代起，他就一直很喜欢尝试新的挑战。所以当出版社向他发出编写本书的邀请时，他也欣然接受了。

图书在版编目 (CIP) 数据

芳香植物 / (法) 塞尔日·沙 (Serge Schall) 著；刘康宁译. —北京：生活·读书·新知三联书店，2019.1
（植物文化史）
ISBN 978-7-108-06100-3

Ⅰ. ①芳… Ⅱ. ①塞… ②刘… Ⅲ. ①香料植物－普及读物 Ⅳ. ① Q949.97-49

中国版本图书馆 CIP 数据核字 (2017) 第 213845 号

策划编辑 张艳华
责任编辑 李 欣
装帧设计 张 红
责任校对 张国荣
责任印制 徐 方
出版发行 生活·讀書·新知 三联书店
（北京市东城区美术馆东街22号 100010）
经 销 新华书店
图 字 01-2017-6125
网 址 www.sdxjpc.com
排版制作 北京红方众文科技咨询有限责任公司
印 刷 北京图文天地制版印刷有限公司
版 次 2019年1月北京第1版
2019年1月北京第1次印刷
开 本 720毫米×1000毫米 1/16 印张 9.5
字 数 84千字 图213幅
印 数 0,001-8,000册
定 价 68.00元

（印装查询：010-64002715；邮购查询：010-84010542）